JN268553

インターネット時代の情報セキュリティ

暗号と電子透かし

佐々木良一・吉浦 裕・手塚 悟・三島久典 共著

共立出版株式会社

〈執筆分担〉

佐々木良一　第1章，第2章，第3章（3.1節，3.3節，3.5節），
　　　　　　第4章（4.6節）
吉浦　　裕　第6章
手塚　　悟　第3章（3.2節，3.4節，3.6〜3.8節），第7章
三島　久典　第4章（4.1〜4.5節，4.7節），第5章

まえがき

　インターネットの発達はめざましく2人に1人がインターネットを使う時代も遠くないだろうといわれている．また，インターネットを用いた企業間の電子商取引も増加してきており，通産省の予測によると2003年には日本国内で68兆円にも達するといわれている．いまや，テレビや自動車と同様にインターネットは社会にとって不可欠のものであり，社会の重要な基盤の一つになっている．この社会基盤の一つであるインターネットのセキュリティ（安全性）が脅威を受ければ大きな社会問題にもなりかねない．

　最近では，インターネットのホームページに，不正アクセスの方法とそのためのツールが掲示されることが多くなっており，技術力があまり高くなくても攻撃ができるようになっている．そのため，今後ますます攻撃が増加することが予想され，これらの攻撃に対応するために適切なセキュリティ対策をとれるようにしておくことが不可欠である．

　この状況を受けて，セキュリティ対策に関する本は近年数多く出版されている．著者らも，1996年に『インターネットセキュリティ　基礎と対策技術』という本をオーム社から出版した．この本は，情報システムのシステム管理者や，コンピュータネットワークのユーザが，セキュリティに関する正しい知識を持ち適切な対応が取れるようにすることを直接的な目的として書いたものである．

　今後，大学や大学院でのセキュリティ教育も大切になり，理科系文科系を問わず全学部で行われるようになると考えられる．初心者用には拙著『インターネットセキュリティ入門』（岩波新書1999年）などがすでに出版されている．また，暗号や電子透かしなど個々の技術に限定すれば教育用によい本がすでに多く出ていると思う．

　しかし，セキュリティ全体に対し大学の高学年や大学院の修士課程で学ぶための中級者向けのよい本があまりなかった．この本は主にこれらの読者を対象とするものであり，(1) セキュリティ全般を広く理解できるようにするととも

に，(2) 大学で身につけておくべき技術である暗号や電子透かしに関し，少し詳しい知識を与えようとするものである．

執筆に当たっては，佐々木が全体の構想をまとめ，それぞれの分野の専門家が執筆を行い，全体の最終的まとめは佐々木が行った．

本書をまとめるにあたっては多くの方々にお世話になった．本書を執筆することを薦めてくださり，種々の有益なご助言を下さった慶應義塾大学の松下 温教授に厚くお礼を申し上げる．また，本書の記述は著者らの日立製作所における研究や開発に直接，間接に関連するものであり，種々のご指導をいただいた関係者の方々に感謝申し上げる．また共立出版の方々には発刊にあたり種々のご尽力をいただいた．その他，色々の方々にお世話になった．心よりお礼申し上げる．

2000年8月

佐々木良一

なお，本書に記載されている製品名・システム名などは一般にメーカー各社の商標または登録商標である．

目　　次

まえがき

第1章　ネットワークの動向とセキュリティへの脅威 ………… 1
1.1　ネットワークの発展とインターネット　*1*
1.2　セキュリティに対する脅威の分類　*5*
1.3　第三者による脅威　*7*
1.4　取引相手による脅威　*11*
　　　参考文献　*12*

第2章　第三者による攻撃からセキュリティを守る技術の概要　*13*
2.1　対策技術の分類　*13*
2.2　侵入を防止するアクセス管理技術の概要　*14*
2.3　不正侵入の方法　*15*
2.4　秘密を守る暗号技術の概要　*18*
2.5　その他の間接的対策　*19*
2.6　コンピュータウイルス用ワクチン　*21*
2.7　管理的対策　*24*
　　　参考文献　*24*

第3章　侵入を防止するアクセス管理技術 ………………… *25*
3.1　アクセス管理技術の分類　*25*
3.2　ユーザ認証技術　*25*
3.3　クライアント（端末）認証技術　*28*
3.4　リモートユーザ認証技術　*30*
3.5　アクセス制御の概要　*33*

3.6　ファイアウォール　*34*
3.7　コンピュータ内のアクセス制御　*39*
3.8　セキュリティ評価基準　*44*
　　　参考文献　*47*

第4章　暗号技術　*48*
4.1　暗号の概要　*48*
4.2　共通鍵暗号　*51*
4.3　公開鍵暗号　*66*
4.4　暗号に対する解読・攻撃方法　*79*
4.5　鍵管理方式　*88*
4.6　ネットワークにおける暗号化の区間　*91*
4.7　最近の動向　*93*
　　　参考文献　*94*

第5章　デジタル署名技術　*96*
5.1　デジタル署名の概要　*96*
5.2　デジタル署名アルゴリズム　*98*
5.3　ハッシュ関数　*103*
5.4　暗号・デジタル署名の応用例　*106*
5.5　デジタル署名に対する攻撃方法　*109*
　　　参考文献　*110*

第6章　コピーを防止する電子透かし技術　*111*
6.1　電子透かしとは　*111*
6.2　静止画用電子透かし　*120*
6.3　電子透かしの評価　*140*
6.4　その他のメディアへの電子透かし技術と応用など　*145*
　　　参考文献　*152*

第7章　セキュリティ技術の応用　*157*
7.1　電子商取引におけるセキュリティ技術　*157*

7.2 電子認証・公証システム　　*163*
7.3 電子決済　　*167*
7.4 WWWの真正性保証システム　　*168*
7.5 セキュリティ国際評価基準　　*170*
　　参考文献　　*176*

索　　引 ·· *177*

第1章
ネットワークの動向とセキュリティへの脅威

1.1 ネットワークの発展とインターネット[1]

　コンピュータネットワーク（以下，単にネットワークと呼ぶ）の歴史は図1.1に示すように，オープン化とグローバル化の歴史といえるだろう．ネットワークがオープンであるということは，ネットワークに不特定多数の人達が参加でき，接続のための通信プロトコル（通信規約）が参加者間で共有できるということである．

　ネットワークは，最初，中央集中型のネットワークとして出現した（図1.2参照）．これは，中央の大型コンピュータに通信路を介して接続した端末を利用し，大型コンピュータのパワーやデータを共有するものであった．これらは，オンラインシステムと呼ばれるものであり，日本でも1960年代にはすでに，日本国有鉄道のみどりの窓口や，都市銀行の第1次オンラインシステムとして実現されていた．しかし，この段階では，（1）利用者は社員など特定の人に限定され，（2）情報を送り合うための通信プロトコルは，基本的に各社独自であり，相互に接続できないものであった．また接続範囲も国内に限られていた．

　これに対し，1980年代になるとLAN(Local Area Network)と呼ばれる構内網が広く使われはじめるようになる．これは，ワークステーションやパソコンなどの小型コンピュータが，オフィス内で多く使われるようになり，これらの間で，ファイルを自由に共有したりプリンタを共用したりする必要性が高まってきたからである．LANとそれに接続されるワークステーションやパソコンから構成されるネットワークはお互いにデータのやり取りが可能な水平分散型のネットワークである．LANも最初は，メーカ独自のものが使われたが，イーサーネットと呼ばれるものを中心に米国のIEEE(Institute of Electrical and Electronic Engineers)で標準化が順調に進み，広く使われるようになった．

　また，LAN上で，データをやり取りするための通信プロトコルもTCP/IP

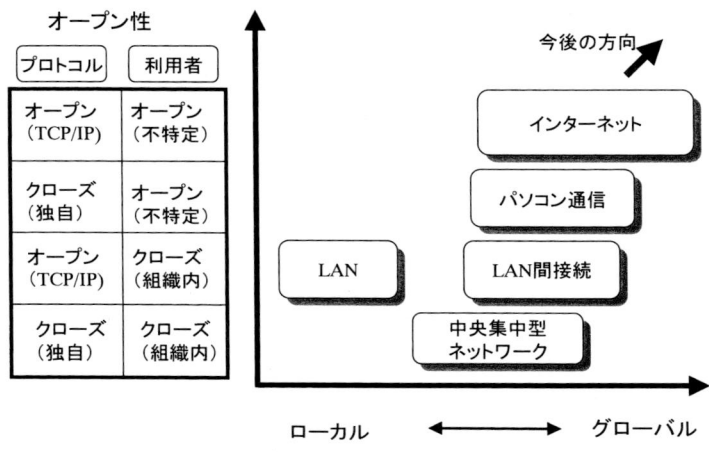

図1.1 各種ネットワークの位置づけ

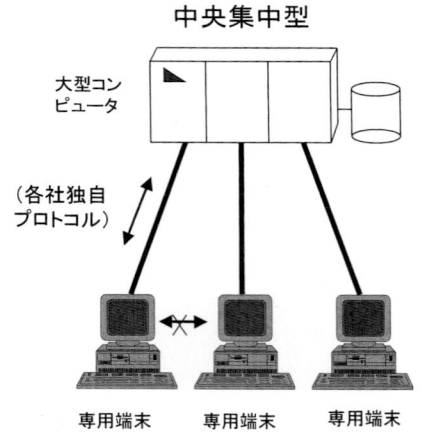

図1.2 中央集中型ネットワークの形態

(Transmission Control Protocol/Internet Protocol) が実質的な標準 (de facto standard) として広く使われるようになった．これらは，実質的標準になっているので，この標準を採用している各コンピュータを相互に接続できるという意味ではオープンなネットワークといってよい．しかし，その使用は，構内に限定されており，また社外の人が自由に利用できるものではなかった．

その後，1990年代になって，LANと別の敷地にあるLANを専用回線を用いてつなぐLAN間接続型の広域網も広く使われるようになったが，社外の人が自由に使えるのもでないという点では従来と同じであり，完全にオープンなものとはなっていなかった．

一方，だれでもが使えるネットワークとしては，パソコン通信があり，日本でも1980年代から広く用いられ始めた．しかし，パソコン通信は全てのネットワークサービスを特定の会社が運営し，提供している．そのため，直接接続できる相手はそれぞれの会社のパソコン通信に加入している相手に限定されるという限界があった．したがって，本当の意味でオープンなネットワークにはなっていなかった．

だれでもが使え，TCP/IPというオープンな通信プロトコルを用いたものに，ネットワークをつなぐネットワークといわれるインターネットがある．インターネットは1970年代前半に米国で開発されたARPANETが発展したものであり，日本でも1980年代後半になるとLANのインターネットへの接続が盛んになっていった．この当時のインターネットを利用することにより受けることのできるサービスは以下のようなものであった．

（1） **電子メール**：メッセージをやり取りするための手段であり，電子情報の形で送受信される手紙の機能を持つ．
（2） **電子掲示板**（ニュースグループともいう）：電子の世界の掲示板で，それぞれのグループに掲示の形で情報を流すことができる．
（3） **ファイル転送**(FTP)：一つのコンピュータから別のコンピュータにファイルを自由に移動するために使用する．
（4） **遠隔ログイン**(TELNET)：インターネット上にある別のコンピュータにログインするために使用する．ログイン後は通常，自分のコンピュータに接続したのと同じような使い方が可能である．

これらのサービスを受けるためには専門的知識が必要であったため，まだ，利用者は，大学の情報システムの研究者などに限られていた．

ところが，ワールドワイドウェブ(World Wide Web：WWW)とそのWWWから画像や音声を含むデータを容易に引き出してきて見ることのできるMOSAICやNetscape社のNavigator，Microsoft社のInternet Explorerなどのブラウザーが出現し，1994年ごろよりインターネットはだれでもが容易に使えるものとな

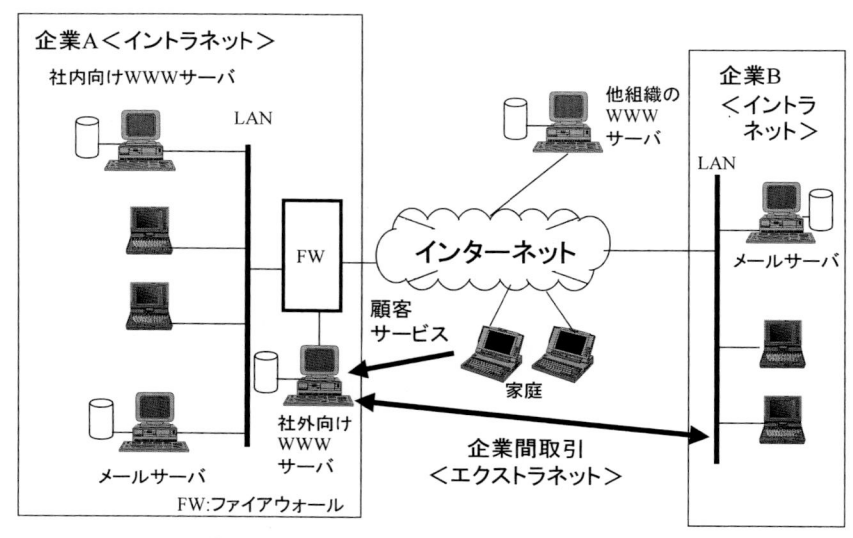

図1.3 インターネットを含むシステムの構成例

った.また,その利用は当初,学術目的に限定されていたが,日本でも1992年ごろより商用が可能になり,現在ではインターネットがいろいろな形で広く用いられている(図1.3参照).

インターネットの技術やインフラを使って,企業などの組織内でコンピュータ・ネットワークを構築し,情報の共有化などを行うことを目的としたイントラネットや,異なる組織のイントラネット間を TCP/IP のプロトコルで接続したエクストラネットなど広義のインターネットも現れている.今後,図1.4に示すようにソーシャルネットワークというべきものも出現し,いろいろな分野で使われるようになっていくものと予想される[2].インターネットを利用した商取引や行政サービスは今,新しい時代に入りつつあるといってよいだろう[3].

以上,ネットワークの発展経過を簡単に振り返ったが,図1.1から明らかなように,現在広く用いられているインターネットはオープンなプロトコルを採用し,利用したいと考えている人に対してオープンで,空間的な広がりがグローバルなネットワークであるといえる.

この特徴はネットワークの利用者にとって望ましいものだが,ネットワークを経由して攻撃を加えようとしている人間にとっても望ましいものであり,ネ

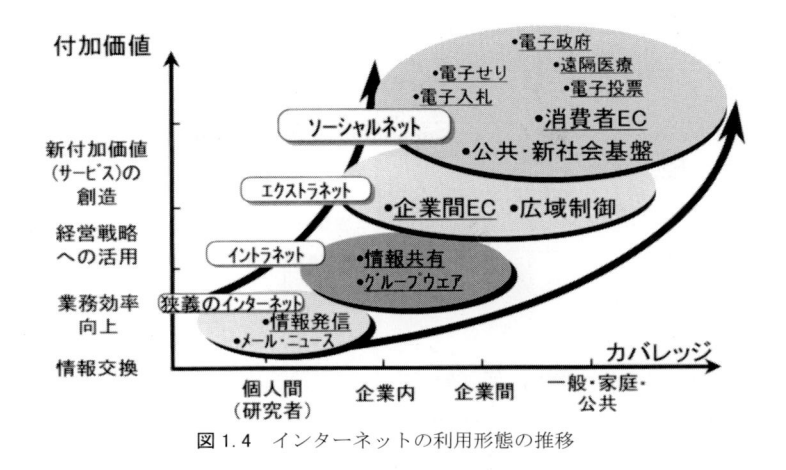

図 1.4　インターネットの利用形態の推移

ットワークを含む情報システムの安全性が大きな課題になってきている．

1.2　セキュリティに対する脅威の分類 [2]

情報システムの安全性のことを通常，情報セキュリティ（Information Security）と呼んだり，単にセキュリティ(Security)と呼ぶが，このセキュリティが失われたという記事が新聞紙面を飾ることが多くなってきている．それは，中央官庁のWWWのホームページが不正アクセスによって改ざんされたという記事であったり，コンピュータウイルスの流行による被害の広がりを伝えるものだったりする．ネットワークなどの情報システムのセキュリティに対する脅威(Threat)は，以下のようにいろいろな視点からの分類が可能である（図1.5）．

（1）　脅威を与える原因による分類
（2）　攻撃者による分類
（3）　セキュリティ喪失の現象による分類
（4）　攻撃方法による分類
（5）　影響の大きさによる分類

脅威を与える原因別には表1.1のように，大きくは偶発的な脅威と意図的な

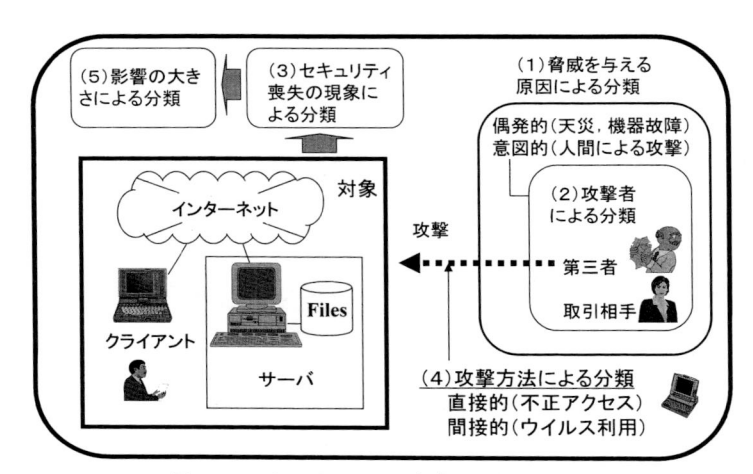

図1.5 セキュリティへの脅威に関する分類法

脅威に分類できる．偶発的なものには，天災，故障，誤操作が挙げられる．天災には地震や火災，故障にはコンピュータのハードウェアの故障や回線障害，誤操作にはデータ入力ミス，ソフトウェアバグなどがある．これらは，広義のセキュリティに対する脅威には含まれるが，狭義には意図的なものだけをいう場合が多い．本書では，読者が最も興味を持っていると考えられるこの狭義のセキュリティを対象とする．

表1.1 セキュリティへの脅威の大分類

分類			脅威の具体例
偶発的	1	天災	地震，火災，水害，落雷など
	2	故障	ハードウェア故障，ソフトウェア障害，回線故障，過負荷など
	3	誤操作	データ入力ミス，運用ミス，ソフトウェアバグ，誤接続など
意図的	4	第三者の悪意の行為	システムへの不正アクセスなど
	5	取引相手の悪意の行為	取引内容の事後否認など

意図的なものとして従来は第三者の悪意の行為だけを指す場合が多かった．しかし，最近ではネットワークを利用しての電子的な取引が増大してきており，

取引事実や取引内容の事後否認の問題やデジタルコンテンツを買った相手がそれを不正にコピーして利用するといった問題が重要視されつつある．そこで，本書ではセキュリティに対する脅威として，最初に第三者の悪意の行為を扱い，次に取引相手の悪意の行為について説明する．

1.3 第三者による脅威 [2)]

1.3.1 第三者の悪意の行為により生じる現象

情報セキュリティの確保には以下の3つの条件を満足させる必要がある．

　（1）　**機密性**(Confidentiality)：ネットワーク上やコンピュータ内の情報を不適切な人間には決して見せないようにすること．
　（2）　**完全性**(Integrity)：ネットワーク上やコンピュータ内の情報が常に完全な形で保たれ，不正によって改ざんされたり破壊されないこと．
　（3）　**可用性**(Availability)：ネットワークやコンピュータ内の情報や資源（通信路やコンピュータ）がいつでも利用できこと．

したがって，情報セキュリティに対する第三者による脅威を現象別に分類す

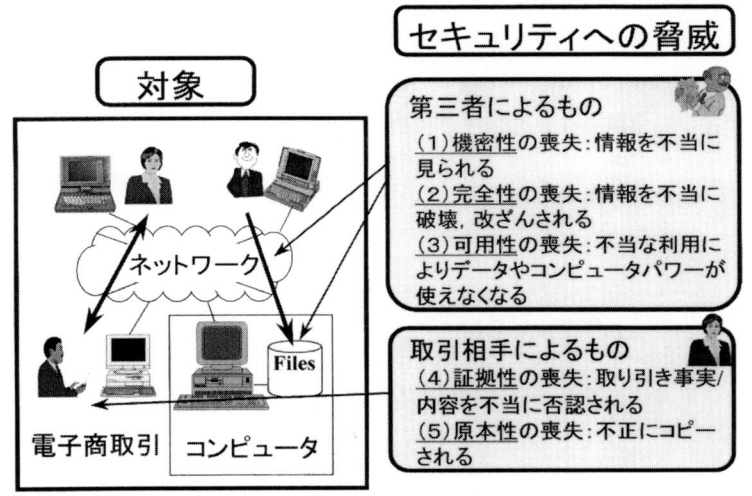

図 1.6　セキュリティへの脅威

ると，図1.6のように，以下の3つに分類することが可能である．

(1) **機密性の喪失**：不適切な主体にネットワーク上やコンピュータ内の情報を見られる．例えば，メールサーバ内のメールの内容を見られるようなことである．
(2) **完全性の喪失**：ネットワーク上やコンピュータ内の情報を不当に改ざんされたり，破壊される．例えば，インターネットを用いて行われる電子商取引において，金額情報を改ざんされるようなことである．
(3) **可用性の喪失**：ネットワークやコンピュータの機能や，保存されている情報が不当な利用によって使えなくなる．例えば，第三者が通信路上に不当に大量のデータを流すために，本来の利用者がその通信路を使えなくなるようなことである．

セキュリティへの脅威というと，(1)の機密性の喪失を思い浮かべる人が多いかもしれないが，(2)完全性の喪失についてはさらに重要である．たとえ，機密性の高いデータではなくても永い時間をかけて作成したものを突然壊されればその復旧には膨大な金と時間を必要とし，場合によっては復旧は不可能である．さらに，預金データなどでは預金額を自分のつごうの良いように換えられるとその損失は膨大なものとなりうる．交通システムなどの制御系へインターネットを経由して侵入し，制御情報を改ざんするようになれば住民の生命への危険も生じかねない．

これらの現象別の脅威を受ける代表的な場所と形態は以下のとおりである．

(1) **機密性の喪失**：通信路上(特に無線の場合)での傍受，ハードディスクの不当な読み出し，フロッピーディスクの不当な読み出し，ディスプレイ画面の盗み見など．
(2) **完全性の喪失**：通信路上のデータ，ハードディスク内のデータ，フロッピーディスク内のデータの改ざんや破壊など．
(3) **可用性の喪失**：通信路，コンピュータパワー，コンピュータのディスクの不当な利用など．

なお，通信路上の情報は，無線の場合は周波数を合わせることにより容易に傍受できる．ケーブルの場合でも，間にプロトコルアナライザーを挿入するこ

となどによって，内容を知ることができる．ディスプレイ上の表示内容は直接的に見ないでも，電磁波の状態を観測することにより理解できる場合があるといわれている．ハードディスク内の情報などは，後で述べるように，他人になりすますことや，セキュリティホールを利用することなどによって知ることができ，また，改ざんなども可能である．

1.3.2 攻撃者と攻撃方法による分類

これらの悪意の攻撃を行う主体として次のようなものがあると，文献4)では指摘している（図1.7参照）．

```
<攻撃者>                <攻撃方法>
1. 部外者                直接的攻撃
   (a) クラッカー         コンピュータを直接的に
   (b) 外国のスパイ       操作し，不正アクセスを
   (c) テロリスト         行い，ネットワーク上やフ
   (d) 犯罪者             ァイル内のデータを攻撃
   (e) 企業スパイ         間接的攻撃
2. 部内者                 ソフトウェアをコンピュー
                          タに送り込むことにより
                          ファイルなどを攻撃
                          　→ ウイルス
```

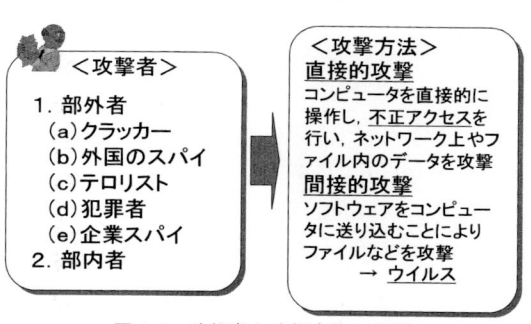

図1.7 攻撃者と攻撃方法の分類

（1）　クラッカー（Cracker）などの愉快犯
（2）　外国のスパイ
（3）　テロリスト
（4）　犯罪組織
（5）　企業スパイ

ここで，（1）のクラッカーは従来，ハッカー(Hacker)と呼ばれることが多かった．しかし，文献5)に記述するようにハッカーという言葉は，本来はコンピュータに強い関心がありコンピュータを使って実験したりコンピュータの限界を確かめたりすることに情熱を燃やす人々のことをいう．したがって，ここでは正統的ハッカーの主張を入れて不正な攻撃を行う人をクラッカーと呼んでいる．

民間のシステムへの攻撃では，特に（1）のクラッカーと（5）の企業スパイなどの活動に注意が必要である．また，最近では，犯罪組織がクラッカーを雇って攻撃を行わせている例も増えてきているといわれている．

なお，上記のような部外者だけでなく，部内者からの攻撃も考慮しておくべきである．米国では侵入者の50%以上が部内者であったという推定結果もある．

第三者の悪意の行為，すなわち，ネットワーク上の情報への攻撃(Attack)の手段は，次の2つに大別することができる．

（1） **直接的攻撃**：悪意の第三者が自分のコンピュータを直接的に操作し，通信路を経由して，ネットワークを構成するコンピュータに侵入し，ファイルなどへ攻撃を行う．悪意の第三者は他人になりすましたり，セキュリティホールを巧妙に見つけて対象となるコンピュータに侵入する．通常，不正アクセスと呼ばれているものである．これらの，不正アクセスの動向は米国ではCERT/CC(Computer Emergency Response Team / Coordination Center)が，日本ではJPCERT/CC(Japan Computer Emergency Response Team/Coordination Center，コンピュータ緊急対応センター）などのセキュリティ緊急対策組織が調査し，対策と共に公表している．JPCERT/CCの活動についてはhttp://www.jpcert.or.jp/を参照していただきたい．なお，各国のCERTの連絡組織としてFIRST (Forum of Incident Response and Security Teams) がある．

（2） **間接的攻撃**：悪意の第三者が，不正のソフトウェアを利用することにより，コンピュータ内のファイルなどへ攻撃を行う．通常，コンピュータウイルス(Computer Virus)と呼ばれているものである．コンピュータウイルスの感染の実態は，情報処理振興事業協会（IPA）で調査されており，対策の検討，届け出情報の公表などを行っている（http://www.ipa.go.jp/SECURITY/index-html）．

本書ではこのうち直接的攻撃に対する対策を中心に記述し，間接的攻撃に対する対策については，2.6節で言及するにとどめる．

1.3.3 影響の大きさによる分類

セキュリティへの脅威をその影響の大きさで分類することも可能である．影響が大きいという場合，次の2つの指標を考えておく必要があるだろう．

（1） 対象となる事象が生じる確率P
（2） その事象が生じた場合の影響の大きさM

確率 P としては，例えば，不正アクセスの成功確率などが考えられる．影響の大きさ M を何にとるかは，なかなか難しいが，例えば，盗まれたパスワードの数や，データの破壊による復旧に必要とするマンパワーなど何らかの定量的指標にすればよい．もし可能ならば，対策コストのような形で，すべてを金額で示せるようにしておくべきである．確率が同じぐらいなら，影響の大きい方から対策を検討していけばよい．一方，影響が同じぐらいなら発生確率の大きい方から対策を考えていけばよい．

確率は一方が大きいが，影響の大きさはもう一方が大きいような場合はどうすればよいのだろう．セキュリティを逆の面から見た言葉にリスク（Risk：危険性）というのがある．原子力発電所などの大規模プラントのリスク評価などでは，両者の積をとった $P×M$ を指標として使う．ここでもその $P×M$ という指標を使うことにする．脅威の大きさを，完全に定量的に把握することは難しい．しかし，できるだけ定量的な発想をすることにより，どのぐらい重要な問題なのかが理解でき，対策をまじめに考えるのに値するかを判断したり，どの脅威から順番に対策を検討すべきかを明らかにすることができる．

また，情報セキュリティに対する攻撃をその影響の現われ方のレベルにより次のように分類することもできる．

（1） **情報システムへの影響**：情報セキュリティが失われると，情報システムが正常に運用できなくなる．
（2） **業務への影響**：情報システムが正常に運用できなくなることにより，企業などの業務へ大きな影響を及ぼす．
（3） **国民生活への影響**：銀行オンラインシステムやみどりの窓口システムなどがダウンするとその影響は業務への影響にとどまらず，国民生活へも大きな影響を及ぼす．

1.4 取引相手による脅威[2]

取引相手によるセキュリティへの脅威としては，図1.6に示したように次の2つを考えておく必要がある．

（1） 証拠性の喪失
（2） 提供情報の不正コピー（原本性の喪失）

　証拠性の喪失は，取引相手が契約書などの取引文書を偽造や改ざんし，取引内容や取引事実を不当に事後否認するような場合に生じる．例えば，「株を5000株売ってくれと言ったのに50000株も売ってしまった．損害を賠償してくれ」といった不当な要求に対し，証拠を示し自分の正当性を証明できるようにしておく必要がある．インターネットを利用した電子ショッピングなどにおいて，注文しない商品が送られてくるなどのトラブルが現実に生じているようである．

　取引相手とのトラブルを防止するためには，取引者がその内容について本当に取引を行ったことを証明する認証の機能が必要である．このような機能は，従来の紙を用いた取引においては，契約書に対する捺印（日本の場合）や署名（米国などの場合）として実現されてきたものである．電子の世界のハンコの機能を実現する手段が，デジタル署名（Digital Signature）と呼ばれるものである．デジタル署名の方法については第5章で詳しく説明する．

　また，取引相手に対し販売した情報（コンピュータプログラム，マルチメディアデータ）を不正にコピーして他の人達に配ってしまうということも問題になる．現実に，不正コピー事件の摘発が新聞などでしばしば報道されている．適切な対策を取っていないと，不正なコピーは容易に実施されてしまう．コンピュータはデジタルデータの完全な複写を簡単に実施できるからである．映画や音楽をデジタル化したものの場合はこの問題を解決しておかないと著作権者が情報提供業者に情報を提供してくれなくなってしまう．このため，電子透かしという不正コピー防止技術が用いられ始めている．電子透かし技術については第6章で詳しく説明する．

参 考 文 献

1) 佐々木良一 他：『インターネットセキュリティ　基礎と対策技術』，オーム社 (1996).
2) 佐々木良一：『インターネットセキュリティ入門』，岩波新書 (1999).
3) 市川明彦，佐々木良一 編著：『インターネットコマース　新動向と技術』，共立出版 (2000).
4) Deborah Russell, G. T. Gangemi Sr.（山口　英 監訳）：『コンピュータセキュリティの基礎』，アスキー出版局 (1994).
5) 古瀬幸広，廣瀬克哉：『インターネットが変える世界』，岩波新書 (1996).

第2章
第三者による攻撃から
セキュリティを守る技術の概要[1,2]

2.1 対策技術の分類

　第三者の不正アクセスなどの攻撃に対するセキュリティ対策は，図2.1に示すように，技術的対策と，管理的対策に大別することができる．

　技術的対策には，被害の発生を防止する直接的対策と，被害の発生を直接的に防止することはできないが，予防を行ったり，被害が発生したら直ちに検知し，回復を図る間接的対策がある．この直接的対策にはアクセス管理技術と，暗号技術があり，間接的対策には，セキュリティ監視技術，セキュリティ監査技術，セキュリティ評価技術などがあることが知られている．以下，主要なものについて説明を追加する．

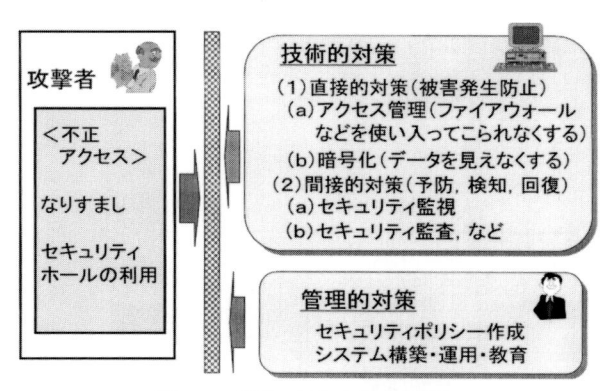

図 2.1　攻撃に対する主要な対策

2.2 侵入を防止するアクセス管理技術の概要

直接的対策のうちアクセス管理技術は，攻撃対象である通信路上やファイル内の情報への不正なアクセス（接触）を防止することにより，セキュリティを確保しようとするものである．いわば，ドアに鍵をかけることにより犯罪者が入ってこられなくするような対策である．アクセス管理がうまくできれば攻撃を対象である情報に加えることができないので，第1章で述べた機密性の喪失対策，完全性の喪失対策，可用性の喪失対策に効果がある．

アクセス管理を適切に行うためには，次の2つの技術が大切となる．

（1）　**エンティティ認証**(Entity Authentication)**技術**：人や物の正体が本当に主張している人やものであるかを検証する技術である．

（2）　**アクセス制御**(Access Controls；ここでは狭義に用いている)**技術**：それぞれの人や物が，あらかじめ許可された権利以上のアクセスをするのを防止するための技術である．

ネットワークを含む情報システムにおけるエンティティ認証技術は，通常，図2.2に示すように，（1）クライアント（端末）とそのユーザの間で行うユーザ認証技術，（2）サーバ（ホストコンピュータ）とクライアント（端末）との間で行われるクライアント認証技術，（3）サーバとユーザの間で行われるリモートユーザ認証技術がある．本章では，このうち（1）のユーザ認証技術について簡単に触れる．

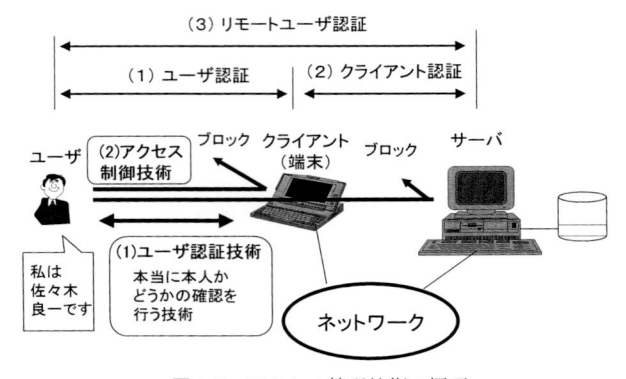

図 2.2　アクセス管理技術の概要

ユーザ認証は，直接利用するコンピュータ（クライアントと呼んだり端末などとも呼ぶ）へのアクセス時に実施される．このユーザ認証の方法は以下の3つに分類することができる．

（イ）　本人の知識を利用するもの：IDナンバー，パスワードなど
（ロ）　本人の持ち物を利用するもの：磁気カード，ICカードなど
（ハ）　本人の身体的特徴を利用するもの：指紋，声紋，網膜パターンなど

どれを採用するかは，ユーザ認証の再現性（本人を本人以外と識別したり，本人以外を本人と識別する確率が低いこと）と実現のためのコストを考慮して決定すべきである．情報処理の世界では，従来，パスワードを用いてきたが，ユーザ認証の確実性を向上させるため，ICカードや指紋と併用されることも増えてきている．

アクセス制御技術は，上記したようにユーザが許可された以上の侵入をしようとするとブロックするための技術である．ブロックは，（1）クライアントで行う場合，（2）サーバで行う場合，の他に（3）サブネットワークの入り口で行う場合がある．（3）の機能を果たすのがファイアウォール（Firewall；防火壁）と呼ばれるものである[3]．

アクセス管理技術全体については第3章でもう少し詳しく説明する．

2.3　不正侵入の方法

アクセス管理の機能がないといとも簡単に侵入されてしまうのでアクセス管理の機能は不可欠である．しかし，現実には，アクセス管理の機能を用いていても，次のような方法で侵入されてしまう可能性がある（図2.3参照）．

（1）　他人へなりすましての侵入
（2）　セキュリティホールを利用しての侵入

現在の情報システムでは本人であるかどうかを確認するのに通常，パスワードを知っているかどうかで行っている．したがって，他人になりすまして侵入するには，他人のパスワードを使えばよい．このためには（a）パスワードを何らかの方法で入手する方法と，（b）何らかの方法でパスワードを類推しつつ，合致するまで繰り返す方法が考えられる．

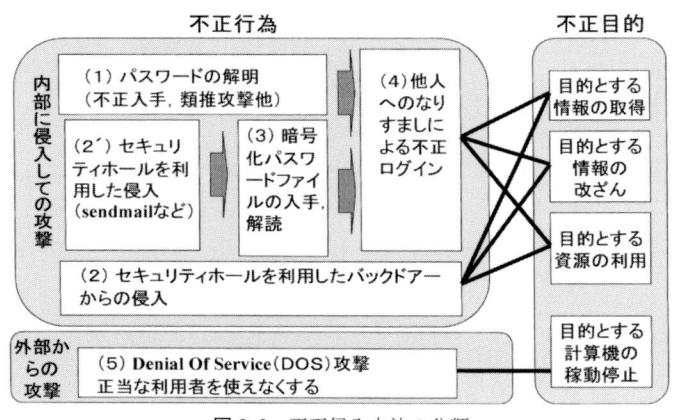

16　第2章　第三者による攻撃からセキュリティを守る技術の概要

図 2.3　不正侵入方法の分類

不正行為／不正目的

内部に侵入しての攻撃
- (1) パスワードの解明（不正入手，類推攻撃他）
- (2´) セキュリティホールを利用した侵入（sendmailなど）
- (3) 暗号化パスワードファイルの入手，解読
- (4) 他人へのなりすましによる不正ログイン
- (2) セキュリティホールを利用したバックドアーからの侵入

外部からの攻撃
- (5) Denial Of Service (DOS) 攻撃　正当な利用者を使えなくする

不正目的
- 目的とする情報の取得
- 目的とする情報の改ざん
- 目的とする資源の利用
- 目的とする計算機の稼動停止

　（a）には，「システム管理者だが，パスワードファイルが壊れた．使っているパスワードを直ちに連絡してほしい」などとシステム管理者など権威のある人になりすますことにより聞き出すような方法がある．このような方法をソシアルエンジニアリングによる方法と米国では呼んでいる．パスワードは相手がだれであれ，不用意に教えてはならない．

　また，（b）には，本人や家族の誕生日，電話番号，車の番号などを知って，いくつかのパスワードを類推しながら入力を繰り返す方法がある．最近のシステムは，ID番号を入力後，3度パスワードを入力して，合致しなければそのID番号は使えなくしているので，この攻撃法によるリスクは減少しているが，このような機能をまだ組み込んでないシステムも少なくない．したがって，パスワードは簡単に類推できるようなものにしてはならないことは明らかである．

　なお，パスワード以外にICカードなどを持っているかどうかで本人かどうかを確認している場合には，パスワードを知っているだけでなく，カードも入手しなければならないので，他人になりすますことが非常に難しくなる．

　他人になりすまさなくても，コンピュータ内のソフトウェアの中に残っているセキュリティホールというものを利用して侵入する方法がある．セキュリティホールというのはセキュリティ上の問題点といったものであり，開発段階でのテスト用などに開発した機能をそのまま残していたり，不正アクセスへの配慮を欠いたために存在するものである．例えば，メールサーバプログラムであ

るsendmailには過去にいくつものセキュリティホールが発見されている．古いバージョンのプログラムでは，管理者権限で離れた場所からプログラムを立ち上げられるようになっており，そのプログラムをクラッカーなどが立ち上げた場合には，パスワードファイルなどのデータを自分宛に電子メールで送信することが可能である．sendmailプログラムをバージョンアップし，最新のものにしておけば，このような攻撃を防げるが，まだ古いバージョンのプログラムをそのまま使っているユーザも多い．

　図2.3に示すようにして侵入し，(a) 直接不正を行う場合と，(b) パスワードファイルなどを盗み他人になりすまして不正を行う場合とがある．他人になりすます場合も，一般ユーザになりすます場合と，特権ユーザのパスワードを入手しシステム管理者などになりすます場合がある．特権ユーザになりすました方が，いろいろな不正ができることは明らかである．

　なお，コンピュータ内部に侵入しなくても，外部からの攻撃により，正当な利用者にコンピュータなどを使わせなくする攻撃方法もある．DoS(Denial of Service)と呼ばれる攻撃方法であり，大量のデータを同時に攻撃対象とするサーバに送ってやれば正当な利用者は使えなくなってしまう．このままでは，だれが不正したかすぐに分かってしまうので，分からなくするためにいろいろな方法が考え出されている．

　このような不正アクセスに対処するためには，一般的に以下のような対策が必要である．

(a) サーバプログラムをセキュリティホール対策済みのものにバージョンアップする．
(b) サーバにある利用しないプログラムを停止させておく．
(c) ファイアウォールの設置により，サーバへアクセス可能な送信元コンピュータや，プロトコルを制限する．
(d) セキュリティ監視により不正なアクセスの兆候をつかみ予防したり，だれが攻撃者か特定する．
(e) 暗号化などによりデータを保護する．

　本節で述べた攻撃方法や，対策については常に新しいものが出ているので，攻撃方法の調査と対策案の検討を専門に行っているJPCERTのホームページ(http://www.jpcert.or.jp/)などを参照願いたい．

2.4 秘密を守る暗号技術の概要

他人になりすましたり，セキュリティホールを利用して侵入されることにより，アクセス管理に失敗して，データを入手されることも考えておく必要がある．このようにしてデータを入手されても，データの意味を第三者に理解できなくするためのものが暗号技術である．第三者が情報を理解できないので第1章で述べた機密性の喪失対策として有効であり，完全性の喪失対策のうち，第三者にとってつごうの良い改ざん防止には有効である．しかし，それ以外には効果がなく，ファイルの破壊などを防止できないことを認識しておく必要がある．

人類は，戦争を勝利に導くなどの目的から，通信を第三者に秘密に行ないたいという要求を持ち，種々の対策を実施してきた．烽火などはその典型的なものだろう．暗号はたとえ第三者に通信文を入手されても意味を分からなくしようとするものであり，古いものとしてはシーザ暗号がよく知られている．シーザ暗号はローマのジュリアス・シーザが使ったといわれているもので，字をN字分ずらして使おうとするものである(図2.4参照)．

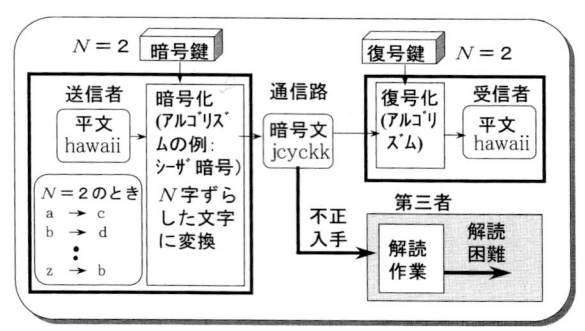

図2.4 通信路暗号の運用

例えば，2字ずらす場合には，アルファベットであれば，aはc，bはdになる．したがって，

　　　hawaii　→　jcyckk

となる．これに近い暗号化の方式は現在も使われている．ここで，字をずらすというような方法を通常，アルゴリズム(Algorithm)といい，ずらす字が2文字であるとき，2を**鍵**(Key)という．このように暗号は，アルゴリズムと鍵を用いる．もし，鍵が3なら以下のようになる．

   hawaii → kdzdll

 ここでは，送信者が暗号アルゴリズムと暗号鍵を用いて，元の文書から暗号文を作成し，通信路上を送信する．これを受け取った受信者は，送信者と同じアルゴリズムと対応する鍵を用いて元の文書を復元する．第三者が，通信路上の暗号文を不正に入手しても鍵を知らないので通常はすぐには解読できない．この解読できない期間中に目的とする作業（例えば，敵への攻撃）を行ってしまうことができる．これが，通信路暗号を用いる効果である．

 なお，情報システムにおける暗号化はどこにある情報を守るかで，次の2つの暗号化方式がある．

(a) **ファイル暗号**：ファイル内の情報を守るためのもので，ファイル内のデータを暗号化する．
(b) **通信路暗号**：ネットワーク内の情報を守るためのもので，通信路のデータを暗号化して送信し，受け取った相手が元のデータに戻す．

 ファイル暗号は暗号化するのがファイル内のデータであり，通常，暗号化する人と復号する人が同じであるという違いはあるが基本的運用方式は通信路暗号と同じである．

 暗号化技術については第4章で詳しく説明する．

2.5 その他の間接的対策

 間接的対策は，セキュリティへの攻撃に対し直接的効果はないが，そのような状況が発生しないよう予防したり，発生しても直ちに検知し，できるだけ早い回復を図るものである．これらは以下のように分類することができる．

(1) **予防対策**：セキュリティ評価(Security Evaluation)，セキュリティ教育(Security Education)，セキュリティ監査(Security Audit)など．セキュリティ評価はシステム全体のセキュリティレベルや，弱い部分を明確化し，安

全性に対する方針に合致したバランスの良いセキュリティ対策を提案するのに用いることができる．また，従業員に対するセキュリティ教育は，外部からの攻撃に対し強い運用をするのに役立つ．同時に，従業員が意識的，無意識的にコンピュータ犯罪に荷担するのを防止する効果もある．なお，セキュリティに関する直接的，間接的対策がきちんとしたものになっているか第三者が監査するものをセキュリティ監査と呼んでおり定期的に実施することが望ましい．これは，システム監査と呼ばれていたものとほぼ同じものであるが，対象を狭義のセキュリティに特化したものである．

（2）　検知対策：セキュリティ監視など．セキュリティ監視は不正侵入の発生は防止できなくても，発生の検知を早めたり，侵入者がだれであるかを早く知るためのものである．広義のセキュリティ監視は，図2.5に示すように（1）脆弱性診断（Vulnerability）機能と，（2）不正侵入検知（Intrusion Detection）機能からなる．

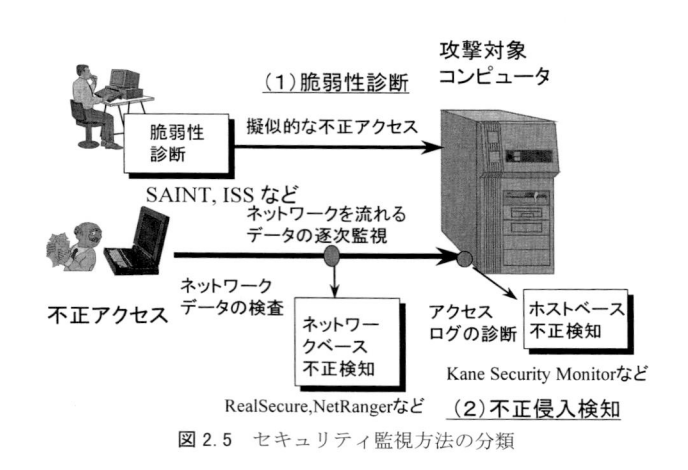

図 2.5　セキュリティ監視方法の分類

（1）の脆弱性診断ツールとしては，フリーソフトのSAINTや，ISS社のISSなどが良く知られている．基本的には（イ）まずポートスキャンを行い，（ロ）開いているポートに対し既存の攻撃を試みるものである．これにより対象とするシステムが実際に侵入しやすいものかどうか知ることができる．SAINTなどは良い人が用いれば，弱点を発見し，バージョンアップなどを行うことにより

システムを強化するのに役立つが,悪い人が用いれば攻撃が可能なシステムの発見に用いられてしまうという問題がある.

(2) の不正侵入検知は,(イ)ネットワークを流れるパケット内の情報を基に特定の不正行為(例えば,通常は来ないはずのIPアドレスからのパケットの急増)を発見するネットワークベース不正検知と,(ロ)対象コンピュータのログ情報を利用して不正侵入を検知するホストベース不正検知がある.ネットワークベース不正検知システムにはReal SecureやNet Rangerなどがあり,ホストベース不正検知ツールにはKane Security Monitorなどがある.なお,最近のファイアウォールには(イ)のネットワークベース不正検知機能を持つものが多い.

攻撃方法が巧妙になってくると,不正侵入をすべて防止することは困難になってくる.したがって,たとえ侵入されてもその侵入を直ちに検知し,対策を行う不正侵入検知技術は,今後,特に大切になっていくと考えられる.今後はネットワークベース不正検知の情報と,ホストベース不正検知の情報を一箇所に集中し,事前処理を行い,人間が判断しやすいような形で表示することのできるセキュリティ統合監視システムの重要性が増すものと予想できる.

(3) 回復対策:データのバックアップなど.データのバックアップを適切なタイミングで取っておくことは,攻撃からの迅速な回復に不可欠である.

本節で述べた分野は,今後対策技術やツールが急速に発達していく分野であると考えられる.

2.6 コンピュータウイルス用ワクチン[2]

以上は,直接的攻撃方法である,ネットワークを経由しての不正アクセスなどに対する対策を直接的対策と間接的対策に分けて述べてきた.

ここでは間接的攻撃方法であるコンピュータウイルスの対策方法について述べる.

情報処理振興事業協会(IPA)はパソコンのユーザが対策のために実施すべきことを,「パソコンユーザのためのウイルス対策7ヶ条」として以下のように整理している.

(1) 最新のワクチンソフトを活用すること:ウイルスは,日々新種が発見

されているので，対策のためのワクチンソフトは常に最新バージョンのものにアップデートを行うことを勧めている．

（2）万一のウイルス被害に備えるためデータのバックアップを行うこと：万一のウイルス被害に対処するため，日ごろからデータのバックアップをとる習慣を付けることを勧めている．万一，ウイルスによりハードディスクの内容が破壊された場合には，オリジナルから再インストールすることで復旧することができる．

（3）ウイルスの兆候を見逃さず，ウイルス感染の可能性が考えられる場合ウイルス検査を行うこと：次のような場合に感染の可能性があるとしている．

（a）システムが仕事中に突然止まる．
（b）システム起動できない．
（c）ファイルが無くなる．属性が勝手に変わる．
（d）プログラムサイズやタイムスタンプなどがオリジナルと異なる．
（e）ユーザの意図しない不自然なディスクアクセスがある．
（f）MS WordやMS Excelで文書ファイルを扱うときに，文書ファイルの内容が勝手に変更されたり，マクロの表示や編集ができないなどのことがある．
（g）直感的にいつもと何かが違うと感じる．

（4）メールの添付ファイルはウイルス検査後開くこと：次のような対応が必要だとしている．

（a）受け取った電子メールに添付ファイルが付いている場合は，ウイルス検査を行った後に開く．
（b）電子メールを相手に送信する前にはウイルス検査を行う習慣を付ける．

（5）ウイルス感染の可能性のあるファイルを扱うときは，マクロ機能の自動実行は行わないこと：マクロの自動実行を止めさせることができるアドインソフトの入手と利用を勧めている．

（6）外部から持ち込まれたフロッピーディスクおよびダウンロードしたファイルはウイルス検査後使用すること：インターネットからファイルをダウンロードした場合は，ウイルス検査を行ってから実行する習慣を付けるよう提言している．

（7）コンピュータの共同利用時の管理を徹底すること：オフィスなどで，複数の人が使用するコンピュータは，だれがいつ使用しているかなどの利用者

管理を万全にするよう提言している.

　これらは，いずれも大切な提言である．かつては出所のはっきりしないプログラムやフロッピーディスクを使わないようにすることによって感染を防止しようとしていた．これらのことはユーザ一人ひとりが今でもきちんと対応していかなければならないことである.

　しかし，最近のウイルス被害は，電子メールなどに添付されたWordやExcelの文書ファイルに付いたマクロウイルスによるものが増加している．この場合は，電子メールを受け取ると自動的にウイルスもコンピュータの中に入ってくるようになったので従来の対処方法だけでは効果がない.

　このため，予防や，ウイルス駆除の機能を持つワクチンプログラム（アンチウイルスプログラムともいう）が重要性を増してきている．ワクチンプログラムの基本機能は以下の4つであるといわれている.

（1）　ウイルス検査機能：既知ウイルスの検出
（2）　ファイルの変更チェック機能：未知ウイルスの検出
（3）　修復機能：発見したウイルスの駆除
（4）　百科事典機能：発見したウイルスの詳細の調査

　最近の市販ソフトはいずれもこのような機能を持っており，シマンテック社のNorton AntiVirusやコンピュータアソシエーツ社のVirusScan，トレンドマイクロ社のウイルスバスターなどが有名である．このような機能を持ったワクチンプログラムは常に最新のものを用いることが望ましい．新しいウイルスが次々に現れてきており，古いワクチンプログラムでは新しいウイルスには十分対応できないからである．最近では，最新のワクチンプログラムを自動的にダウンロードする機能を持つものも現れている.

　ワクチンプログラムの利用以外には，万一のウイルス被害に備えるためデータのバックアップを頻繁に行うことが大切である．私は，今書いている本の原稿を一日に1回，フロッピーディスクにバックアップをとることにしている．せっかく作った原稿がなくなってしまったときの影響は膨大だからである.

　被害を受けたらすぐにシステム管理者へ報告することも行うべきである．そして，管理者の指示に従って，感染ファイルの除去を行わなければならない．さらに，上記の例のように，加害者になりそうになった場合には，関係者に緊

急の連絡をし,感染した添付ファイルを削除するための指示を受けるなどの対策をとってもらう必要がある.

企業のシステム管理者は運用面のルールをきちんと作ると共に,最新のワクチンプログラムを提供する体制を整える必要がある.

今後,ますます悪質なウイルスが誕生することが予想されるため,情報処理振興事業協会(IPA)のホームページ(http://www.ipa.go.jp/SECURITY/index-html)などを参照することにより,最新の攻撃方法と対策を把握するようにする必要がある.

2.7 管理的対策

技術的対策だけを知っていても,セキュリティを確保することはできない.セキュリティに関する組織としての方針であるセキュリティポリシーを明確にし,そのポリシーに基づき,セキュリティ対策システムを構築し運用していくことが不可欠である.さらに,ユーザがポリシーに基づききちんと行動してくれるようセキュリティ教育を行っていくことも大切である.このようなことを組織としてきちんとできる体制を確立し,実行していかなければならない.管理的対策の進め方については,文献2)の第4章や文献4)の第3章などを参照して欲しい.

参 考 文 献

1) 佐々木良一 他:『インターネットセキュリティ 基礎と対策技術』,オーム社(1996).
2) 佐々木良一:『インターネットセキュリティ入門』,岩波新書(1999).
3) 宝木和夫他:『ファイアウォール―インターネット関連技術について』,昭晃堂(1998).
4) 山口 英,鈴木裕信 編:『bit別冊 情報セキュリティ』,共立出版(2000).

第3章
侵入を防止するアクセス管理技術

3.1 アクセス管理技術の分類

アクセス管理技術は図2.2で示したように，エンティティ認証技術とアクセス制御技術からなっている．そしてネットワークを含む情報システムにおけるエンティティ認証技術は，通常，（1）クライアント（端末）とそのユーザの間で行うユーザ認証技術，（2）サーバ（ホストコンピュータ）とクライアント（端末）との間で行われるクライアント認証技術，（3）サーバがユーザを認証するリモートユーザ認証技術がある．

クライアント認証を行うこととリモートでユーザ認証をすることを同一視することが多いがこれらは分けて考えるべきであると思う．以下それぞれについて説明を行う．

3.2 ユーザ認証技術

3.2.1 ユーザ認証技術の概要

ユーザ認証は，コンピュータなどのユーザの正体が，本当に主張している人であるかを，信頼できる確かな方法で検証することである．このユーザ認証の結果に基づき，情報の取得，修正，削除などを許可するので，アクセス管理のみならず情報セキュリティの観点からも，最も重要な機能の一つである．このユーザ認証技術は第2章で述べたように以下の3つに分類することができる．

（イ）　本人の知識を利用するもの：IDナンバー，パスワードなど
（ロ）　本人の持ち物を利用するもの：磁気カード，ICカードなど
（ハ）　本人の身体的特徴を利用するもの：指紋，声紋，網膜パターンなど

それぞれの方法の長所・欠点は表 3.1 に示すとおりであり，セキュリティポリシーに基づき採用すべき方法を決めていくべきものである．以下，主なものについて説明を追加する．

表 3.1 ユーザ認証方式の比較

No.	認証の根拠	例	長所	短所
1	知識	暗証番号 パスワード	実装が容易	忘れる危険性 類推が可能
2	持ち物	磁気カード ICカード	偽造が困難	なくする可能性 特別な読取り装置が必要
3	身体的特徴	指紋 声紋 虹彩 網膜パターン	他人の偽造が困難 確実性が高い	プライバシ問題 変更が不可能 特別な装置が必要

3.2.2 パスワードに基づくユーザ認証

現在，システムの多くのユーザ認証は，パスワードを用いるものが多い．認証される人が，パスワードを知っていることを証明するために，サーバに事前に登録されているその人しか知りえないパスワードを提示することによって，確かにその人であることをシステムが検証する．安価な費用で実現できる半面，パスワードが容易に入手されたり，類推できたりするという可能性もある．

このシステムの安全な運用のために，パスワードのユーザは以下のような点に注意すべきである．

(1) パスワードは最初のログインの際に，仮パスワードから正式のものに必ず変更すること．
(2) パスワードは 3 月に 1 回以上必ず変更すること．
(3) パスワードは他人に秘密で管理すること．パスワードを紙に書いて他人の目につきやすいところに貼るなどのことを決してしてはならない．
(4) パスワードは他人が推測しにくいものにすること．
(5) パスワードをファイルに書き込んだり，通信路上を暗号をかけずに送ったりしてはならない．
(6) 他人が見ている前でパスワードを入力しない．

（7） パスワードは6文字以上とする．

3.2.3 身体的特徴に基づく認証

従来はセキュリティ対策が備わっている施設の入退室管理などに個人識別の技術として利用されていたが，現在においては，非対面で電子商取引が行われるので，本人認証が特に重要となってきている．そのような背景のもと，生体に基づく認証は，認証される人の身体的特徴(Biometrics：生体情報)により，本人であることを識別し，本人認証を行うものである．この身体的特徴を利用するものとしては，指紋，網膜，虹彩などがあり，表3.2に示すような特徴と課題がある[4]．

表 3.2 生体認証方式の比較

No.		方式	特徴	課題
1	指紋	特徴点（マーシャ）の位置関係	万人不同・終生不変 犯罪捜査などでの利用	プライバシ
2	網膜	毛細管血管パターン	万人不同・終生不変 コピーが困難	システムの規模・価格 赤外線照射への抵抗感
3	虹彩	瞳孔の開きを調節する筋肉のパターン	万人不同・終生不変 疾病などの影響なし	
4	掌形	掌の幅，厚さ 指の長さ	操作が容易	信頼性の確保
5	顔	目，口，鼻の位置や形状	非接触で認証可能 心理的影響が小さい	時間的な変化 メガネや髭の影響 証明の角度
6	音声	スペクトル包絡 ピッチ，発音レベルなど	非接触で認証可能 心理的影響が小さい	時間的な変化 体調
7	筆跡	筆跡，筆速，筆圧	心理的影響が小さい 操作が容易	時間的な変化 偽筆対策

（1） 指紋

指紋による識別は，法学の分野では古くから個人を同定する方法として，確立されたものである．指紋は万人不同のものであり，終生不変である特徴を有しているので，これを情報セキュリティの分野にも適用して本人認証に使用する．

正規の人が正しいと判断されない本人拒否率と，誤って他人を正規の人と誤

認してしまう他人受入率とのバランスの取り方が非常に難しいものである．

指紋の特徴点を**マニューシャ**と呼び，一つの指あたり100個の特徴点がある．特徴点は，個人によりその位置や角度がすべて異なるので，個人の識別情報として用いることができる．これらの特徴点をいくつか抽出して登録し，安定に利用する方法が実現されている．一方，プライバシ面での拒否反応という問題も一部にはある．

（2） 網膜

網膜は，指紋に比べて，その日の状態変化が少なく，安定した個人識別が可能である．しかしながら，網膜パターンを調べるには，専用の機器が必要であり，情報セキュリティで利用するにはまだ実験の域を出ていないのが実状である．

（3） 虹彩

虹彩は，網膜より簡単に普通の外部の離れた位置から識別することができ，応用範囲が広いといわれている．ただし，赤外線照射に対する抵抗感やコストなどの問題がある．

このほか，身体的特徴としては，掌形，顔の形，音声，筆跡などがある．身体的特徴は本人しか持ち得ないので安全性が高いという長所がある半面，プライバシの問題や一度破られると変えようがない（自分の指紋を変えるわけにはいかない）とかの問題もある．

したがって，1つの方式で全てのシステムに適用できるようにするのは困難であると考えられる．目的によって使い分けられるようにすると共に，より高い安全性と使いやすさを要求される場合に備え，複数の身体的特徴を用いるものや，ICカードやパスワードと連携する方式の開発が必要となる．

3.3　クライアント（端末）認証技術

サーバ側から見て，クライアントが正しいものかどうかをきちんと確認しておかないと，不正なクライアントを利用しての侵入が簡単に行われてしまう場合がある．クライアント認証は通常，以下に示すような，チャレンジ・アンド・レスポンス法というものが使われる．ここでは，共通鍵暗号を用いるチャレンジ・アンド・レスポンス法に例を取って説明を行う（図3.1参照）．

3.3 クライアント（端末）認証技術

図 3.1 クライアント認証方式の一例

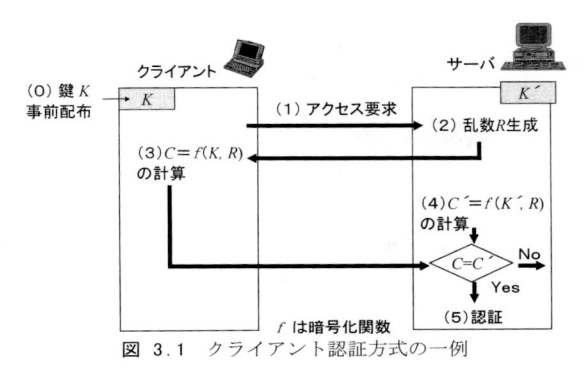

（図中のラベル）
- クライアント
- （0）鍵 K 事前配布 → K
- （1）アクセス要求
- サーバ K'
- （2）乱数 R 生成
- （3）$C = f(K, R)$ の計算
- （4）$C' = f(K', R)$ の計算
- $C = C'$? No / Yes
- （5）認証
- f は暗号化関数

（0）　正当なクライアントに鍵 K を事前に配っておく．
（1）　クライアントからサーバに対しアクセス要求を出す．
（2）　サーバは，乱数 R（チャレンジ値）を生成しクライアントに送る．
（3）　クライアントはサーバと共有している暗号アルゴリズム f と暗号鍵 K を用いて R などの暗号化を行い，得られた結果 $C = f(K, R)$ を，レスポンス値としてサーバに送り返す．
（4）　サーバは自分で保管している鍵 K' を取りだし，クライアント側と同じアルゴリズムを用いて $C' = f(K', R)$ の計算を行う．
（5）　もし，$C = C'$ ならば $K = K'$ であると判断できるので同じ鍵を持っている正当なクライアントであると判断できる．

　ここで，暗号アルゴリズムの代わりにハッシュ関数を用いて鍵 K と R のハッシュ値を求めてもよい．また，システム全体で同じ鍵 K を持つのは，どこか一箇所で K がもれるとシステムが破綻するので，クライアントごとに異なる鍵を用いる方式も用いられている．また，この鍵の配送に公開鍵を用いる方式も考えられている．
　なお，クライアントの認証に IP アドレスなどのアドレスを用いる場合もあるが，IP スプーフィングなどの不正技術を用いると簡単に正規のクライアントになりすますことができるのでアドレス情報だけに頼るべきではない．

3.4 リモートユーザ認証技術

リモート環境においてサーバ側でユーザを認証するのがリモートユーザ認証である．この方法は，次の２つに大別できる．

（１） 端末側でのユーザ認証と，サーバ側での端末認証が行われ正しいことが確認されれば，端末側でのユーザ認証を信用し無条件でサーバにアクセスできる方式（端末側にアクセス管理の権限を与えている方式）．
（２） 端末側でのユーザ認証を行った後，サーバ側で再度ユーザを認証する方式（サーバ側でアクセス管理の権限を持っている場合）．

（１）の方式の場合には，端末側でのユーザ認証結果を信じるので，特別なリモートユーザ認証の方式は必要ない．（２）の方式では，リモートユーザ認証の方式が必要になる．

リモートユーザ認証でもローカルなユーザ認証と同様に，（イ） 本人の知識を利用するもの（ロ） 本人の持ち物を利用するもの（ハ） 本人の身体的特徴を利用するものという３つの方式が使える．

リモートユーザ認証では，これ以外に，他人や他の組織が認証した結果を信頼して認証する場合もある．いわば信頼（Trust）の輪を利用するものといえるだろう．

（ａ） 認証局というものが発行した証明書を信頼する場合：これについては4.5.3項で説明を行う．
（ｂ） システム全体で一箇所設けた認証サーバの認証結果を信頼する場合：ケルベロス(Kerberos)という方式が典型的なものである．ケルベロスは，共通鍵暗号をベースとした認証システムであり，1986年にMIT(Massachusetts Institute of Technology)で作られ，1989年には，MITがOSF(Open Software Foundation)の分散コンピューティング環境(Distributed Computing Environment)に提案し採用された．さらに，ケルベロスのバージョン５はインターネットで採用されている[1]．

現状では，リモート環境でも認証にパスワードを用いる場合が多い．しかし，リモートの環境でユーザ認証を行う場合には，パスワードなどの情報が，通信

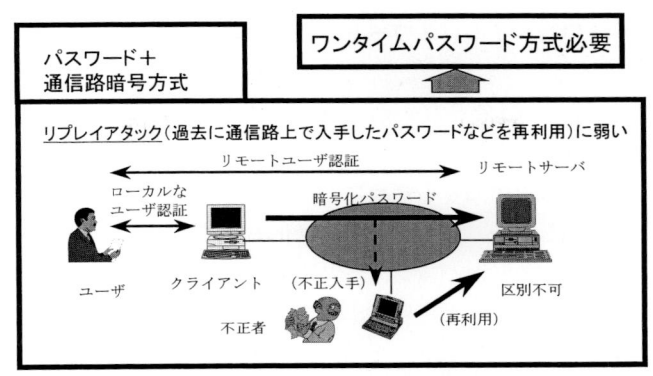

図 3.2 リモート環境におけるユーザ認証

路上でだれかに見られたり，その情報を記録し再送するリプレイアタックといった脅威にさらされている．

以下，図 3.2 に沿っていくつかのリモートユーザ認証方式の説明を行う[2]．

はじめに，ローカルな環境でのパスワードによるユーザ認証と同様にパスワードを離れた場所にあるサーバに提示する方式を考察する．まず，単純にパスワードを入力し，サーバに送信する方式はうまくいかない．ネットワーク上の盗聴によりパスワードが盗まれて，その情報を使って第三者がパスワードの持ち主になりすますことができるからである．一般に分散システムではパスワードに限らず，秘匿を要する情報をネットワークを介してやりとりするには盗聴対策として情報を暗号化する必要がある．

当然，ユーザとサーバの間に適当な暗号鍵を持ち，これを用いてパスワードを暗号化して送る方法が考えられる．しかし，通常，パスワードはサービス要求時に繰り返し使用される．パスワードと暗号鍵が毎回同一ならば，暗号化したパスワードとして毎回同じデータが通信される．このデータを盗聴し，後に正当なユーザと偽ってサービス要求をするときに盗聴したデータを送れば，サーバは正当なユーザが返すデータと区別がつかず認証してしまうため，悪意の第三者は正しいパスワードを知らぬまま正当なユーザになりすますことができる．これが**リプレイアタック**である．

リプレイアタックを考慮すると，分散システムでは一般にユーザ認証のためにやり取りされるデータは毎回異なるものとすべきことが分かる．そのような

方式を総称して**ワンタイムパスワード**方式と呼ぶ．この方式には，以下のようなものがある．

（1） タイムスタンプ方式

上記のような脅威を予防するために，ユーザからサーバへの認証要求に対し，パスワードに時刻を加味したデータを暗号化して送付する．サーバでは，送られてきたデータを復号し，パスワードと時刻の妥当性を検証する．なお，タイムスタンプ方式を実装するときには，システム全体で時計機能の同期をとることが必要である．

（2） チャレンジ・アンド・レスポンス方式

3.3節のチャレンジ・アンド・レスポンス方式において，鍵情報の代わりにパスワードをユーザが与えるなら，通信路上を流れるデータは毎回異なるものとなり，ワンタイムパスワードの機能を持つ．

（3） S/KEY方式 [1]

S/KEYというフリーソフトがある．

S/KEY方式ではハッシュ関数$h(\ )$を用いる．初期化時に乱数R(種)とシーケンスrを生成する．ここでrは，処理時間を考慮して比較的小さな数，例えば99とする．サーバはこのとき，種R，シーケンスr，および種Rを秘密のパスワードPを用いて暗号化し，さらにr回ハッシュ関数にかけたもの$d=h^r(E(P,R))$を記録する．この初期化は，秘密のパスワードを与えるため通信によってではなく，サーバのコンピュータにおけるローカルな操作によって行う．サーバマシンには上記のハッシュ値を記録するだけで秘密情報は記録しないことに注意して欲しい．

S/KEYのプロトコルでは，対話認証のプロトコルを次のように変形する（図3.3参照）．

　　ステップ1：サーバは種Rとシーケンス$r-1$を提示する．
　　ステップ2：ユーザでは，種Rをパスワードを用いて暗号化し，さらに$(r-1)$回ハッシュ関数を施したもの$d'=h^{r-1}(E(P,R))$を返す．
　　ステップ3：サーバは$d''=h(d')$を得る．
　　ステップ4：d''と，登録してあるdとを比較する．$d''=d$なら認証し，dに替えてd'を登録し，またrを$r-1$で置き換える．

キーポイントは通信される情報は前回よりもハッシュ回数が1回少なく，ハッシュ関数の性質より，前回の認証情報から今回の認証情報を得ることは難しいということである．

シーケンスが1に近づくとサーバは種Rを取り替え，シーケンスを99に戻し，ユーザに新たなハッシュ値dを計算させ，登録する．この計算は，正しくユーザ認証ができた直後に行う．

他に市販の特殊なワンタイムパスワード発生装置を使うような方式もある．

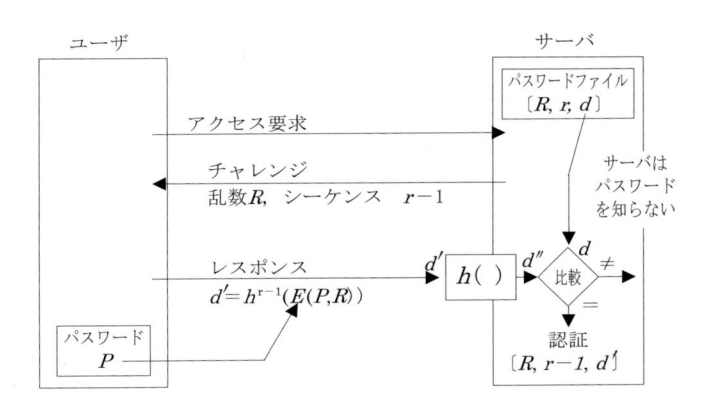

図3.3 S/KEYのプロトコル

3.5 アクセス制御の概要

アクセス制御は，それぞれの人や物が，あらかじめ許可された権利以上のアクセスをするのをブロックするための技術である．アクセスをブロックする部位には以下のようなものがある．

- （a） **クライアントコンピュータでのブロック**：パスワードが合致していないような場合には，クライアントへの侵入を拒否する．
- （b） **ネットワークの入り口でのブロック**：いわゆる，ファイアウォール技術といわれるもので，特定のネットワークへの不当な侵入を防止する．企業用ネットワークとインターネットを接続し，その間で選択的にデータのやり取りを行なうようになると非常に重要な技術となってくる．
- （c） **サーバでのブロック**：オペレーティングシステム（OS：Operating

System）の機能を用いることにより，ユーザによって，見ることも書き込むこともできないファイル，見ることはできるが書き込めないファイル，見ることも書き込むこともできるファイルを設定できる．その設定により権利の無い主体の不正アクセスを制御する機能である．

3.6 ファイアウォール[1, 3, 5]

3.6.1 ファイアウォールの概要

インターネットの急速な普及に伴い，従来，組織の内部ネットワークとして閉じて利用されていたものが，インターネットに接続することによって，組織間のネットワークへと拡張しつつある．

組織の内部ネットワークをインターネットに接続すると，その瞬間から世界のあらゆるところとネットワークでつながるため非常に便利である．その反面セキュリティの観点からすると，クラッカーらの悪意のある第三者に門戸を開けたことを意味し，脅威にさらされることも同時に理解しておく必要がある．まさに家で例えれば，犯罪の多発地域で玄関に鍵も掛けず生活しているのと同じことになる．

したがって，組織の内部ネットワークと，外界のネットワークであるインターネットとの境界でのセキュリティ対策をどのようにすればよいかが重要な問題となる．この問題を解決する手段として，現在ファイアウォールが広く利用されているので以下で説明する（図3.4参照）．

ファイアウォールは，インターネットと内部ネットワークの接点である境界に設置されるものである．前もって策定された内部ネットワークのセキュリティポリシーに従って，ある通信データの通過は許可するが他の通信データの通過は拒否するというアクセス制御をすることにより，外界のネットワークであるインターネットからの不正な侵入を防止する技術である．

このようなファイアウォールの機能を活用すると，組織の内部ネットワークにおいても，部署間などで異なる機密情報を取り扱うときにアクセス制御をすることで，不正なアクセスを防止することができる．

以上のことから，ファイアウォールは外部ネットワークから内部ネットワークあるいは内部ネットワークから外部ネットワークの資源へのアクセスを制御するネットワーク間の接続機能である．

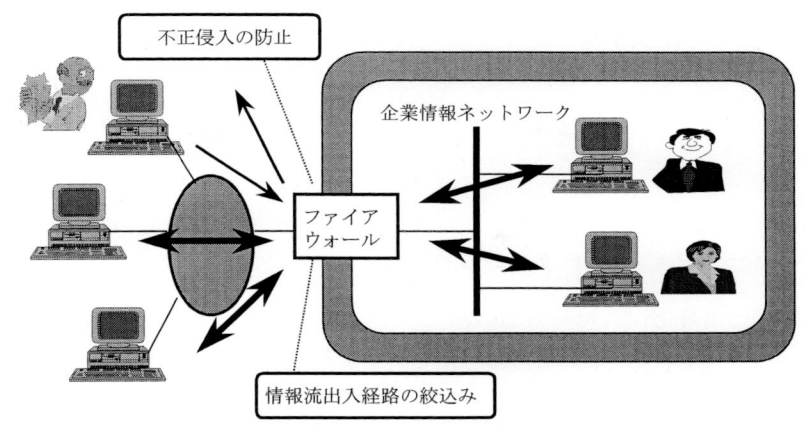

図 3.4 ファイアウォールの基本機能

したがって，ファイアウォールの設置場所により，次の2種類に分けることができる．

（1） 外部ファイアウォール
外部ネットワークからの不正な侵入を阻止すると共に，内部ネットワークからの不用意な情報の流出を防止することを目的とし，外部ネットワークと内部ネットワークの接続点に設置する．

（2） 内部ファイアウォール
内部ネットワークにおいて，さらにサブネットワークが複数存在する場合（例えば，一つの会社に複数の事業部が存在するような場合）に，各サブネットワークでのセキュリティポリシーの違いにより，サブネットワーク間での情報の流通を種類などにより制御することを目的として，内部ネットワークのサブネットワーク間の接続点に設置する．

3.6.2 機能要件

ファイアウォールは，アクセス制御を実現するために流出入情報の一元管理を実施することにより，外部からの不正な侵入を阻止すると共に，不正侵入の影響範囲の局所化や限定化を実現する．したがって，ファイアウォールの機能要件は以下のようなものである．

(1) アクセス制御

外部ネットワークと内部ネットワークの間で転送されるデータ,または利用ユーザさらにはコンピュータなどのアクセス対象資源の制限を実施する.

(2) 認証

利用を試みるユーザやコンピュータが,確かに正当なアクセスが認められているユーザやコンピュータであるかを検証する.

(3) 暗号化

パスワードや転送データの暗号化を実施する.なお,インターネットにおいてファイアウォール間で転送データを暗号化し安全に通信することにより,あたかも専用線のように使用する機能を**仮想プライベートネットワーク**(VPN:Virtual Private Network)と呼ぶ.なお,VPNについては後ほどさらに詳しく説明する.

(4) 監視

ネットワーク上のトラフィック量,またはコンピュータやルータなどの通信機器の現在の使用状況や現在のアクセスログなどのリアルタイム状況を監視する.

(5) 監査

実際にアクセス制御が正当に実施されていたかを,アクセス制御を実施したコンピュータの稼動環境や稼動状況を定期的に監査する.

3.6.3 ファイアウォールの分類

前節のような機能要件を必要とするファイアウォールは,ネットワーク上の階層で分類すると,次のように大別することができる.なお,国際標準化機構ISO(International Standard Organization)で定められた開放型システム間相互接続OSI(Open Systems Interconnection)モデルに対応させながら説明する.

(1) ネットワーク層型ファイアウォール

ネットワーク型ファイアウォールは,インターネットプロトコルのIP層でアクセス制御を実現し,経路制御とパケットフィルタリングの機能を使用する.このIP層はOSIモデルにおけるネットワーク層に相当するので,ネットワーク

層型ファイアウォールと呼ぶ．

（a）経路制御

IP層のデータ転送においては，データ転送を行うコンピュータは相手のコンピュータの経路情報を知らなければならない．したがって，外部ネットワークと直接データ転送を行う内部ネットワークのコンピュータについては，その経路情報のみを外部ネットワークに対して教え，他の直接データ転送をしないコンピュータについては一切その経路情報を教えない．このような方法をとることにより，内部ネットワークのコンピュータへの外部からの不正なアクセスを制御する．

（b）パケットフィルタリング制御

IPパケットの送信元IPアドレス/宛先IPアドレス，送信元ポート番号/宛先ポート番号，接続を開始する方向性，プロトコルに基づき，転送パケットを通過させるかさせないかのアクセス制御を実現する．このような方法をパケットフィルタリングと呼び，あらかじめ設定されていない不正なパケットの流出入を防止する．通常は，ルータなどの経路制御を有する装置を利用するが，コンピュータで実現することも可能である．

（2）トランスポート型ファイアウォール

トランスポート型ファイアウォールは，インターネットプロトコルのTCP/UDP層でアクセス制御を実現し，トランスポートゲートウェイの機能を使用する．このTCP/UDP層はOSIモデルにおけるトランスポート層に相当するので，トランスポート層型ファイアウォールと呼ぶ．

トランスポートゲートウェイは，データの中継をトランスポート層で実現するため，この中継を行う際にアクセス制御を実施する．アクセス制御の対象としては，送信元IPアドレス/宛先IPアドレスや送信元ポート番号/宛先ポート番号である．一般に，アプリケーションのプロトコルやデータ構造を意識したアクセス制御は実施せず，特定のアプリケーションに限定されないデータ中継を行う．

（3）アプリケーション型ファイアウォール

アプリケーション型ファイアウォールは，インターネットプロトコルのアプリケーション層でアクセス制御を実現し，プログラム中継型とユーザログイン

型の機能を使用する．このアプリケーションはOSIモデルにおけるアプリケーション層に相当するので，アプリケーション層型ファイアウォールと呼ぶ．

（a） プログラム中継型

プログラム中継型は，アプリケーションが使うプロトコルを解釈できる中継プログラムを用いる．この中継プログラムは，**アプリケーションゲートウェイ**と呼ばれる．

アプリケーションゲートウェイは，データ中継をアプリケーション層で実現すると共に，この中継においてアクセス制御を実施する．アクセス制御の対象は，アプリケーションに依存しないIPアドレス，ポート番号はもちろんのこと，アプリケーションのプロトコルやデータ構造に依存したユーザ認証や，利用可能なコマンドの選択などのアプリケーション固有のアクセス制御を実施する．このため，アプリケーションごとにアプリケーションプロトコルを中継するゲートウェイの新設が必要となるが，きめ細かなアクセス制御と利用状況などのプロトコルに基づくログを取得することが可能となる．

（b） ユーザログイン型

ユーザログイン型は，ファイアウォールにtelnetなどの遠隔端末プログラムを用いてログインし，このファイアウォールに搭載されているプログラムを用いて，インターネットなどの外部ネットワークへのアクセスを実現するものである．

ファイアウォールを構築する際，特別なプログラムを用意する必要がなく構築そのものは容易である．その反面，インターネットなどの外部ネットワークへのアクセスの際には，常にユーザログインを実施しなければならないために手間がかかり，操作性があまりよくない．

3.6.4　仮想プライベートネットワーク

仮想プライベートネットワーク(VPN：Virtual Private Network)の目的は，インターネットをあたかも専用網のように使い，クラッカーらの不正な第三者からの脅威に対し，強固で安全なネットワーク網を持つことである．この目的を実現するために，ファイアウォールはVPN構成において基本要素である．

送信IPパケット全体ないしは一部をファイアウォールにおいて暗号化し，暗号化したデータをファイアウォール間のIPパケットのデータとして送信する，カプセル化の手法を用いることによってVPNを実現する．VPNをネットワーク

のどの階層で実現するかについては，ファイアウォールの分類と同様に考えることができ，ネットワーク層型VPNとトランスポート/アプリケーション層型VPNの2つに大別できる．

（1）ネットワーク層型VPN

ネットワーク層型VPNは，ネットワーク層に実装した一対のVPNゲートウェイを利用して，暗号化通信路を実現する．

具体的には次のような手順で実現される．送信元はIPパケットを送信側VPNゲートウェイに送る．送信側VPNゲートウェイは送信元IPパケットを受け取り，これを暗号化し，受信側VPNゲートウェイ宛のIPパケット内に，暗号化された送信元IPパケットをカプセル化し，受信側VPNゲートウェイに送信する．受信側VPNゲートウェイは，受信したIPパケットのカプセル化を解いて，その中にある暗号化された送信元IPパケットを復号して，送信先に送信する．

以上により，VPNは実現されるが，このようなIPパケットを別のIPパケットでカプセル化する技術を**トンネリング技術**と呼ぶ．

（2）トランスポート/アプリケーション層型VPN

トランスポート/アプリケーション層型VPNは，クライアントの通信モジュールとゲートウェイプログラムを用いて，トランスポート層ないしはアプリケーション層においてアプリケーションの通信データを暗号化することにより実現する．

セッションの開始時に，ファイアウォールなどの機器ないしはこの機器を使用するユーザの認証を実施することにより，アクセス制御を行う．このような工夫により，きめ細かなVPNの機能を実現することが可能である．

3.7 コンピュータ内のアクセス制御 [1]

3.7.1 アクセス制御の構成要素

アクセス制御は，アクセスの主体（例えば，ユーザ）とアクセスの客体（例えば，ファイル）との間のアクセス条件を定義して，これに基づいてアクセスの制御を行うものである．アクセスの主体は**サブジェクト**(Subject)と呼ばれ，アクセスの行為者である．また，アクセスの客体は，**オブジェクト**(Object)と呼ばれ，アクセスされる対象である．

主体と客体間のアクセス条件の定義ならびにそれに基づくアクセス制御の方法は，アクセスマトリックスを用いた任意アクセス制御と，機密ラベルを用いた強制アクセス制御の二通りの方法が現在使われている．次節以降で，その詳細を説明する．

3.7.2 任意アクセス制御

任意アクセス制御（DAC：Discretionary Access Control）の基本的な考え方は，ユーザやそのユーザが実行するプログラムは悪意のないものとの前提で，コンピュータ内のオペレーティングシステムはそれを信用して，他のユーザから各ユーザを守る役割を担うものである．

（1） アクセスマトリックスによる制御

任意アクセス制御を実現する方法として，アクセスマトリックスを用いた制御方法があるので，これについて説明する（表3.3参照）．主体と客体間のアクセス関係をマトリックス形式で定義する．つまり，主体をi，客体をjとするとアクセスマトリックスの成分は(i,j)と表現され，そこのアクセス条件を定義している．アクセス制御では，主体が客体をアクセスするときこのマトリックスを参照し，アクセスを許可/禁止する．ファイルのアクセスを例に取ると，ファイルに対し参照，更新，削除などのさまざまなアクセスレベルがある．セキュリティの観点からすると，このアクセスレベルを考慮して他人にどんなアクセスを許可するかを決定する必要がある．セキュリティの面からこのアクセスレベルを定義したのがアクセス権限である．

例えば，表3.3において，主体であるsasakiが客体である在庫ファイルへのアクセス権限は，（Read,Add）であると設定されており，その内容を読むことならびにデータの追加は許されているが，ここに明示されていないその他の操作，例えば，データの変更や，ファイルそのものの削除はできないことが示されている．

ファイルを更新する場合，まずファイルを参照し，次に内容を更新するという手順をふむ．つまり，ファイルを更新するには，更新のほかに参照も許可されている必要がある．このようにアクセスには包含関係が存在する．したがって，アクセス権限にもアクセスの重要度に従って，上位のアクセス権限が下位のアクセス権限を包含するような包含関係を持たせることが多い．ファイルの

表3.3 アクセスマトリックスの一例

客体(j) 主体(i)	売上ファイル	在庫ファイル	大型コンピュータ M	LAN
sasaki		Read Add	Own Use	Use
maeda	Read Add			Use
sano		Own Read Write Execute Modify	Own Use	
⋮				

アクセスマトリックスでは，アクセス条件をアクセス権限で定義する．

アクセスマトリックスにおいて，客体から見た主体のアクセス権限を定義したものを**アクセス制御リスト**と呼び，主体から見た客体のアクセス資格を定義したものを**資格リスト**と呼ぶ．

(2) UNIXファイルシステム

UNIXファイルシステムでは，ユーザが生成した客体，すなわちファイルに対して所有権を持ち，このユーザをファイルの**所有者**と呼ぶ．アクセスマトリックスでは，この関係を所有という形でアクセスが許可されていることを表す．任意アクセス制御においては，ファイルの所有者はファイルのアクセス制御リストを任意に設定/変更することができる．

3.7.3 強制アクセス制御 [7]

(1) 強制アクセス制御の基本

強制アクセス制御(MAC：Mandatory Access Control)の基本的な考え方は，任意アクセス制御で悪意のないものとして許した，アクセス制御リストの変更をオペレーティングシステムは許さない．これは，必ずしもユーザが悪意のあるものと考えているのではなく，ユーザが不注意で起こしてしまったことに対しても，対処できるようにする必要があることを意味している．

そもそも強制アクセス制御は，軍や政府機関などの高度なセキュリティを必要とする分野から生まれてきたもので，最も重要な点は，秘密情報を他に絶対に漏らさないということである．

（2）　情報流の制御

任意アクセス制御でアクセスマトリックスによる方法は，アクセスを許可されたユーザが自分のファイルに情報を不正にコピーして，第三者に見せることが可能である．すなわち，アクセスを許可すると，許可したユーザが情報をどう取り扱うかの流れが制御できない．この情報の流れを制御する手段として用いられている技術に，セキュリティラベル(Security Label)によるアクセス制御がある．セキュリティラベルは，主体と客体の両方に与えられ，セキュリティレベル(Security Level)とセキュリティカテゴリ (Security Category)の2つの部分から構成される．

（a）　セキュリティレベル

セキュリティレベルは，米国国防総省(DoD : Department of Defense)では，極秘(Top Secret)，秘(Secret)，機密(Confidential)，機密外(Unclassified)の4つのセキュリティレベルからなり，

　　　極秘＞秘＞機密＞機密外

のように階層化された分類である．

主体のセキュリティレベルは，その主体がどのレベルの情報までアクセス可能かを表し，客体のセキュリティレベルは，その客体のセキュリティレベルを表している．

（b）　セキュリティカテゴリ

セキュリティカテゴリは，情報の許可範囲を規定する分類であり，非階層分類である．例えば，企業では部，課，グループなどの組織構成や業務構成による分類がある．主体のセキュリティカテゴリはその主体が属する組織やセクションを表し，客体のセキュリティカテゴリはその客体をアクセスできる組織やセクションを表している．

上記のセキュリティレベルとセキュリティカテゴリを使い，セキュリティラベルによるアクセス制御を行うと，情報の参照と書込みは次のようになる．

3.7 コンピュータ内のアクセス制御

（イ）情報の参照

アクセス主体が客体に付加されているセキュリティレベルよりも高いか等しいセキュリティレベルを持ち，同時に客体に付加されている全てのセキュリティカテゴリを主体が持っているときに情報を参照できる．このときの関係を以下に示す．

  セキュリティレベル：客体のセキュリティレベル≦主体のセキュリティレベル

  セキュリティカテゴリ：客体のセキュリティカテゴリ⊆主体のセキュリティカテゴリ（包含関係を表す）

強制アクセス制御では，この2つの条件を満たさない場合に情報の参照を許さない（図3.5参照）．

（ロ）情報の書込み

書き込まれる客体のほうに主体と同等以上のセキュリティレベルが設定されていて，同時に主体に与えられている全てのセキュリティカテゴリは必ず客体にも設定されているとき情報を書き込むことができる．このときの関係を以下に示す．

  セキュリティレベル：客体のセキュリティレベル≧主体のセキュリティレベル

  セキュリティカテゴリ：客体のセキュリティカテゴリ⊇主体のセキュリティカテゴリ（包含関係を表す）

強制アクセス制御では，同じくこの2つの条件を満たさない場合に情報の書込みを許さない（図3.5参照）．これにより，主体は情報の秘匿クラスを下げることができない．

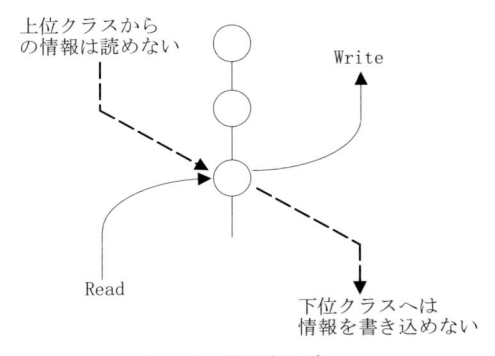

図 3.5 情報流モデル

3.8 セキュリティ評価基準[1,7]

3.8.1 セキュリティ評価基準の概要

　システムの目的や構成に応じて，システム全体のセキュリティをバランスよく設計するのは，かなり難しい仕事である．そこで，セキュリティ評価基準を定めることにより，システム要求を出すユーザは，必要とするセキュリティレベルを容易に指定することができるようになる．同様にシステムの設計者は，要求されたセキュリティレベルを達成するのに，どのような機能を実現すべきかをセキュリティ評価基準から知ることができる．その結果，構築したシステムのセキュリティレベルを客観的に評価することが可能になる．

　米国コンピュータセキュリティセンター(NCSC : National Computer Security Center)は，高信頼コンピュータシステム評価基準(TCSEC : Trusted Computer System Evaluation Criteria)の公式な標準として本を出版している．この出版物は，表紙がオレンジ色をしていたことからオレンジブックとして広く知られている．以下では，オレンジブックの概要について説明する．

3.8.2 オレンジブック

　オレンジブックは，主に軍事システムを対象にまとめられたものであり，その意味からも機密性を特に重要視してセキュリティ評価基準が定められている．オレンジブックには，セキュリティ関係の機能に基づいてコンピュータシステムにセキュリティレベルを付けて，設計に対してもこの基準を適用するものである．これにより，調達要求元である軍や政府機関などと受注先のコンピュータ企業などに，客観的なシステムのセキュリティ評価基準を提供する．

　オレンジブックは，システムのセキュリティレベルを，A1, B3, B2, B1, C2, C1, Dの7段階に分類し，A1が最もセキュリティレベルが高いことを意味する（表3.4参照）．以下に，各セキュリティレベルの内容を説明する．

（1）　D：最低限の保護

　このレベルのシステムは，D以上のセキュリティレベルにランクされなかったことだけを示しているにすぎない．Dであっても，非常に安全である場合もある．

表 3.4 オレンジブックに示されたセキュリティレベル

セキュリティ レベル	概要	クラス	クラス名	システム例
D	最低限のセキュリティ	D	最低限の保護	パソコンの OS
C	任意保護による セキュリティ	C1	任意のセキュリティ保護	一般の UNIX
		C2	アクセス制御による保護	Windows NT
B	強制保護による セキュリティ	B1	セキュリティラベルによる保護	HP-UX CMW
		B2	構造化保護	Multics
		B3	セキュリティドメイン	XTS-300 STOP4.1
A	検証された セキュリティ	A1	検証された設計	SCOMP (Honywell)

(2) **C1：任意のセキュリティ保護**

このレベルのシステムは，タイムシェアリングシステムで要求される安全性と同一である．以下に要件を示す．
(a) システムは，利用ユーザをパスワードなどで認証をしなければならない．
(b) 資源は，アクセス制御によって保護されなければならない．
(c) オペレーティングシステムは，アクセス権限のないユーザのプログラムが，メモリの致命的な部分への書込み処理を実行したときに，阻止することができなければならない．

(3) **C2：アクセス制御による保護**

利用ユーザが自分の行動に対して責任を持つようなタイムシェアリングシステムで要求される安全性と同一である．商用のタイムシェアリングシステムがこれに相当する．以下に，C1との差分要件を示す．
(a) アクセス制御リストを利用した任意に選ばれたユーザ単位でのアクセス許可が可能でなければならない．
(b) オペレーティングシステムは，新たなユーザがメモリを使用するときには，以前のユーザが使用したメモリ内のデータをすべて初期化しなければならない．
(c) オペレーティングシステムは，ユーザ認証や客体へのアクセスなどのセキュリティに関連する情報を監査記録として，安全な場所に保管でき

なければならない．

（4） B1：セキュリティラベルによる保護

このレベルの追加要件は，機密性に対する強制アクセス制御を実装することである．以下に，C2との差分要件を示す．

(a) すべてのユーザ，プログラム，ファイルに対してセキュリティラベルを管理しなければならない．

(b) 高いセキュリティレベルからの参照や低いセキュリティレベルへの書き込みはオペレーティングシステムで阻止しなければならない．

（5） B2：構造化保護

B1から新規に導入された機能は少なく，むしろオペレーティングシステムが正常に動作することを，B1より以上に保証するために，バグなどがないように構造化について言及している．以下に，要件を記す．

(a) オペレーティングシステムは，セキュリティカーネルのような概念を導入して，この部分を最小になるように構造化しなければならない．

(b) オペレーティングシステムのすべての部分について，修正が発生したときには，すべて記録を残さなければならない．

(c) プロセスのセキュリティレベルが変更されたときには，通知されなければならない．

（6） B3：セキュリティドメイン

B2同様に，B3ではさらにオペレーティングシステムの強制アクセス制御を確実に行えるようB2より以上に保証する．以下に，要件を記す．

(a) 正当なオペレーティングシステムとパスワードを盗もうとするトロイの木馬とを見分けるための信頼できる方法がなければならない．

(b) アクセス制御リストにより，明示的にユーザを名指しで，アクセスを拒否できなければならない．

(c) 指定した監査対象イベントが発生し，しきい値を超えたならば，直ちにセキュリティ管理者に通知されなければならない．

(d) システムがクラッシュし，再起動した場合，セキュリティポリシーの侵犯が起こらないことを保証しなければならない．

(7) A1：検証された設計

B3からの追加機能は特にない．システム設計の形式にのっとって，分析と実装を厳格に管理する必要がある．

3.8.3 高信頼オペレーティングシステム

高信頼オペレーティングシステム(Trusted OS)は，オレンジブックのB1以上のセキュリティ要件に応えるために開発されたオペレーティングシステムである．この高信頼オペレーティングシステムを利用することによって，強制アクセス制御を実現することが可能になる．同様に，データベースについても，高信頼データベース(Trusted Data Base)が存在する．ちなみに，Windows NTは，C2に相当し，一般に，商用のシステムはC2である．

高信頼オペレーティングシステムには，最少特権とロール分割という特徴的な機能を持っている．最少特権とは，ユーザやプログラムが業務の遂行に必要な最少限の特権を最少限の時間だけ所有することにより，安全性を高める．ロールの分割は，セキュリティ関連の業務を複数の人間に割り振り，安全性を高めている．

参考文献

1) 佐々木良一 他：『インターネットセキュリティ 基礎と対策技術』，オーム社 (1996)．
2) 佐々木良一：『インターネットセキュリティ入門』，岩波新書 (1999)．
3) 宝木和夫 他：『ファイアウォール，インターネット関連技術について』，昭晃堂 (1998)．
4) 中山靖司，小松尚久：『バイオメトリックスによる個人認証技術の現状と課題－金融サービスへの適用の可能性』，金融研究（日本銀行金融研究所）第19巻，別冊第1号，pp. 155-192 (2000. 4.)．
5) 山口 英，鈴木裕信 編：『bit別冊 情報セキュリティ』，共立出版 (2000)．
6) Larry J. Hughes, Jr. 著（長原宏治 監訳）：『インターネットセキュリティ』，インプレス (1997)．
7) Deborah Russell, G. T. Gangemi Sr. 著（山口 英監訳）：『コンピュータセキュリティの基礎』，アスキー出版局 (1994)．

第4章
暗号技術

4.1 暗号の概要

4.1.1 暗号とは何か

　暗号（cryptography）とは，文章に対して変換を施し，第三者には何が書かれているか分からない状態にすることをいう．変換する前の文を**平文**（plain text：「ひらぶん」と読む），変換された状態の文書を**暗号文**（cipher text）と呼ぶ．

　暗号には，コード（Code）とサイファー（Cipher）がある．サイファーが，通信文の文字を1対1に置き換えるのに対し，コードの方はあるまとまりのある語や句を他のもので置き換える．したがって，コードでは「コンピュータ」を，「ホワイトロック」としても「5020」としても，当事者どうしが理解でき，第三者に理解できないものならなんでもよい．暗号学者によって主に研究されてきたのはサイファーであり，暗号というとサイファーだけを指す場合も多い．本書では，以下，サイファーのことを暗号と呼ぶことにする．

　暗号は，古来より主に軍事目的で利用されてきた．まず，古代ギリシャ時代に，スキュタレーと呼ばれる指揮棒に文書を巻き付けて，文章内の文字の位置を置き換える方式の暗号が使われていたことが，ツキディデスの『戦史』，プルタークの『対比列伝（英雄伝）』に書かれているという[4]．

　また，第2章で述べたシーザ暗号のように，文字を何文字かずらしたものに置き換える方式の暗号も使われてきた．例えば，AをC，BをDに置き換える（2文字分ずらす）ことにより，A B C ⇒ C D Eとする．

　これらの，

　（a）　置換（文書内の文字の位置の置換え）

　（b）　換字（他の文字との置換え）

というアルゴリズムは，現代においても，暗号を構成する基本要素となってい

る（ただし，もっと複雑な方法が取られている）．すなわち，暗号アルゴリズムの基本的アイディアは，古代ギリシア・ローマ時代からすでに存在していた，ということがいえる．

　これらの暗号では，アルゴリズムおよび，暗号化・復号化の鍵は，共に秘密にしておく必要があった．いい方を変えると，暗号の強度を，アルゴリズムと鍵の秘匿に頼っていた．

　1977年にアメリカ合衆国商務省標準局（NBS：National Bureau of Standard）によって商業用の標準暗号DES（Data Encryption Standard）が制定された．このとき，暗号アルゴリズムが仕様として公開され，暗号アルゴリズムは必ずしも秘匿されるものではなくなった．逆にいうなら，アルゴリズムが公開されていても解読不可能な強度を持つことが暗号アルゴリズムに対して要求されることとなった．

　また，これに先んじて，1976年にDiffieとHellmanによる公開鍵暗号の概念が発表された．これは，暗号アルゴリズムのみならず，鍵の一部も公開してしまい，それでも解読は不可能，という画期的な概念である（これに対して，鍵を秘密にする従来型の暗号を**秘密鍵暗号**，または**共通鍵暗号**と呼ぶ）．この時点では，まだ概念のみであったが，1978年にRivest, Shamir, Adlemanの3名により，大きな数の素因数分解の困難性に基づいたRSAという方式が発表され，公開鍵暗号が現実のものとなった．その後，1982年には，離散対数問題の困難性に基づいたElGamal暗号，1985年には，楕円曲線上の離散対数問題に困難性に基づいた楕円曲線暗号が考案されている．

4.1.2　暗号の利用目的

　古典暗号においては，暗号の機能は，第三者に対する**情報の秘匿**（守秘）に限られていた．しかし，現代暗号においては，表4.1に示すような目的に使われている．共通鍵暗号では不可能だった**認証**（相手認証・メッセージ認証）という機能も持ち合わせるようになった．認証とは以下のような機能である．

（1）　相手認証（Entity authentication）
　　　やりとりをしている相手が確かに本当の相手であること（第三者によるなりすましでないこと）を確認するための手段．
（2）　メッセージ認証（Message authentication）

データの正しさを確認するための手段.
これには,次の二通りの側面がある.

- データ完全性(Data integrity)
内容が改ざん(substitution)されていないことの保証,確認.
- 否認防止(Non-repudiation)
送信側は送ったことを否定できず,かつ,受信側は受け取ったことを否定できないことの保証.すなわち,「言った／言わない」ということを避けるための手段.

また,これらの応用として,データの暗号化を行うことにより,不当な侵入者がデータを入手しても理解できないため実質的な「アクセス管理」が可能となる.

表 4.1 暗号の利用目的

分類			利用目的
守秘 (Confidentiality)			・二者間での情報秘密共有 ・第三者に対する情報秘匿 　⇒　第三者の傍受に対する安全性確保
認証 (Authentication)	相手認証 (Entity authentication)		・相手が確かに本当の相手であることを確認する手段 　⇒　第三者のなりすまし(impersonation)に対する対策
	メッセージ認証 (Message authentication)	データ完全性 (Data integrity)	・内容が改ざん(substitution)されていないことを保証する手段 　⇒　第三者の不正に対する対策
		否認防止 (Non-repudiation)	・送信側は,送ったことを否定できない ・受信側は,受け取ったことを否定できないことの保証 　⇒　当事者の不正に対する対策
アクセス管理 (Access control)			・正当な利用者のみアクセスできること ・不正なアクセスができないこと

4.1.3 暗号アルゴリズムの分類

暗号は表 4.2 に示すように以下のような観点から分類することができる.

(1) 暗号化の対象となるデータの種類：デジタル信号/アナログ信号

本書では，前者の方を扱う．後者の例としては，テレビの衛星放送で使われているデータのスクランブルなどがある．

(2) 暗号化アルゴリズムの公開型/秘匿型

DES の登場以来，暗号のアルゴリズムは公開されることが多いが，暗号アルゴリズムが公開されていない場合，解読がより困難になることは明らかである．軍事用暗号などは基本的にアルゴリズム非公開型である．

(3) 暗号化・復号化に共通の鍵を使用/異なる鍵を使用

前者を**共通鍵暗号**（common key cipher），後者を**公開鍵暗号**（public key cipher）と呼ぶ．英語では，前者に対し対称鍵暗号（symmetric key cipher），後者に対し非対称鍵暗号（asymmetric key cipher）という用語が使われることが多い．

共通鍵暗号はさらに，ストリーム暗号，ブロック暗号の 2 種類に分類される．また，公開鍵暗号は，IF 型，DL 型，EC 型に分類することができる（これらの分類については，4.3 節において詳述する）．

(4) メッセージ（平文）を復元する/しない

公開鍵暗号の応用の一つとしてデジタル署名（Digital Signature）という技術がある．このデジタル署名においては，必ずしも，元の文書に復元する必要はない．このため，メッセージ非回復型のアルゴリズムも存在する．

以下，共通鍵暗号，公開鍵暗号の具体的なアルゴリズムについて説明する．

4.2 共通鍵暗号

4.2.1 共通鍵暗号の基本構造

共通鍵暗号の基本的な構造は，図 4.1 に示すように，
(a) 送信側と受信側が同じ鍵（共通鍵）を共有する．
(b) 復号は，暗号化の逆演算（f^{-1}）により行う．

表 4.2 暗号アルゴリズムの分類

アルゴリズム秘匿	完全秘匿		軍事暗号
	一部秘匿	ストリーム暗号	NFSR
		ブロック暗号	MULTIX
アルゴリズム公開	共通鍵暗号	ストリーム暗号	バーナム暗号, RC4
		ブロック暗号	64ビット：DES, MULTI2, FEAL, IDEA, RC5, MISTY 128ビット：AES
	公開鍵暗号	メッセージ復元	IF型：RSA, RW, Okamoto-Uchiyama, EPOC, OAEP DL型：ElGamal, Cramer-Shoup EC型：EC-ElGamal, EC-Cramer-Shoup, ECES, ECAES
		メッセージ非復元（主にデジタル署名）	IF型：ESIGN, PSS, TDH-ESIGN DL型：ElGamal, DSA, 改良ElGamal, Nyberg-Rueppel EC型：EC-ElGamal, ECDSA, 改良EC-ElGamal, EC-Nyberg-Rueppel Diffie-Hellman鍵配送・共有（DL型・EC型）
		ハッシュ関数	MD2, MD5, RIPMED-160, SHA1

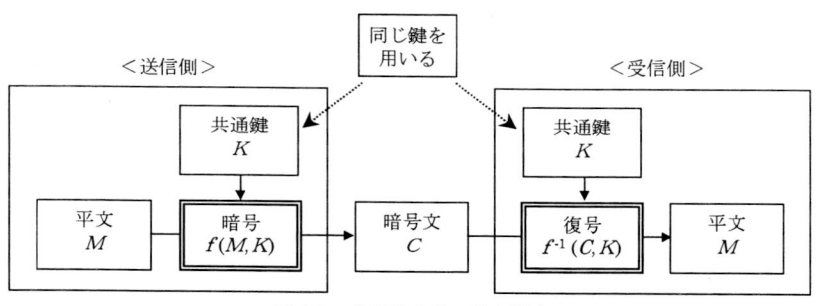

図 4.1 共通鍵暗号の基本構造

〈送信側〉 同じ鍵を用いる 〈受信側〉

共通鍵 K → 平文 M → 暗号 $f(M, K)$ → 暗号文 C → 復号 $f^{-1}(C, K)$ → 平文 M ← 共通鍵 K

という，古典暗号と同じ構造である．現代暗号では暗号化のアルゴリズムは公開するので，鍵（共通鍵）が分かれば復号化できてしまう．したがって，共通鍵は必ず秘密にしなければならない．

共通鍵暗号は，入力データ（平文）の処理単位が，

(1) 1ビット

（2） それ以上

に応じて，以下の2種類に分類される．

（1） ストリーム暗号

平文を1ビット単位に暗号化する方式．平文と同じ長さの鍵が必要となる．例．バーナム暗号（Vernam cipher），RC4，など．

（2） ブロック暗号

平文の複数ビットを1ブロックとし，そのブロック単位に暗号化する方式．例．DES(Data Encryption Standard)，MULTI2(Multimedia Encryption 2)，FEAL-N(Fast Data Encipherment Algorithm-N)，MISTY，RC5，など．

4.2.2 ストリーム暗号

平文を1ビット単位に暗号化する方式をストリーム暗号と呼ぶ．例として，「angou」という文字列のAsciiコードの各ビットに対して，暗号鍵との排他的論理和（$\oplus$:xor）をとる，という暗号方式を考えてみる．

表4.3 排他的論理和（$\oplus$:xor）の定義（演算表）

$\oplus$	0	1
0	0	1
1	1	0

表4.4 排他的論理和（$\oplus$）による暗号化

平文	a	n	g	o	u
平文（ビット列）	01100001	01101110	01100111	01101111	01110101
暗号鍵（ビット列）	11011100	10010011	10111100	11010101	11100010
暗号文（ビット列）	10111101	11111101	11011011	10111010	10010111

排他的論理和の定義は表4.3に示すとおりであるので，表4.4に示すような処理によって暗号文「10111101 11111101 11011011 10111010 10010111」を得ることができる．この暗号文を第三者が傍受したとしても，暗号鍵を知らなければ解読できないのは，明らかである．

暗号鍵を知っている場合は，暗号文と暗号鍵の排他的論理和をとることによ

り，元の平文に復元できる．これは，排他的論理和という演算が持つ以下のような性質

$$\text{任意の値 } a \text{ に対し，} a \oplus b \oplus b = a$$

が成り立つことによる．

このように，平文と同じ長さのランダムに決定されたビット列を暗号鍵として用意し，平文との排他的論理和をとる暗号方式を**バーナム暗号**（Vernam cipher）と呼ぶ．この暗号方式は，暗号文のみからでは解読できないことが，情報理論的に証明されている．

実際には，このバーナム暗号はほとんど使われていない．それは，
 (a) 暗号文と同じ長さの完全乱数を生成する必要がある．この完全乱数の生成がひじょうに困難である．
 (b) かなり長い暗号鍵を共有する必要がある（平文と同じ長さ）．
という2つの理由による．前者については，代替手段として，擬似乱数が利用される．この擬似乱数の生成方法としては，非線形フィードバックシフトレジスタ（Non-linear Feedback Shift Register：NFSR）などがある．ストリーム暗号は，（1）いかに良い乱数を生成するかと，（2）改ざんをいかに検知するかが課題である．

近年，通信路の高速化，通信データ量の増大に伴い，通信路上での暗号の処理速度が，通信全体の処理速度のボトルネックとなる可能性が指摘されている．そのため，処理の軽いストリーム暗号の良さが見直され始めており，今後，上記の課題を解決したストリーム暗号が出現する可能性がある．

4.2.3　ブロック暗号

平文の複数ビットを1ブロックとし，そのブロック単位に暗号化する方式をブロック暗号と呼ぶ．ブロック暗号は，図4.2に示すようにデータランダム化部と鍵スケジューリング部から構成される．

（1）　データランダム化部
通常，初期処理，ラウンド関数，終了処理からなる．
ラウンド関数が実際の暗号化（平文の攪拌）部分に相当する．
ラウンド関数の繰返し回数を段数と呼ぶ．

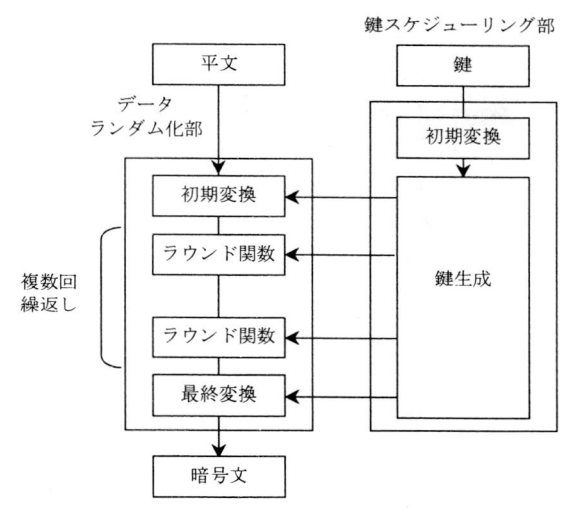

図 4.2 ブロック暗号の基本構造

(2) 鍵スケジューリング部

初期処理，鍵生成からなる．

データランダム化部の各ラウンド関数に作用させるために，ビット長の変更，鍵データの変形を行う．

＜ラウンド関数の構造＞

ラウンド関数の実現方式としては，(a) Feistel構造と(b) SPN(Substitution-Permutation Network)構造，を持つものが使われる．

(a) Feistel構造

データブロックを2つに分け，各ブロックに対し，F関数と呼ばれる変換を施す構造．IBMのFeistelがDESの元となった暗号Luciferを設計した際，この構造を用いたため，それ以後，Feistelという名前で呼ばれている．

図4.3に示すように，平文1ブロックを2つの部分に分けて，

下位ブロック：そのまま上位ブロックとして出力．

上位ブロック：上位ブロックと，下位ブロックを鍵とF関数によって変形したものとのxorをとり，下位ブロックとして出力する．

という手順で暗号化を行う．F関数の具体的な機能については，個々の暗号で

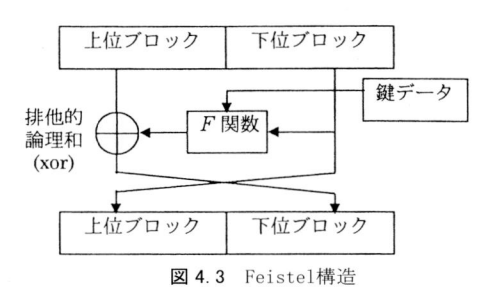

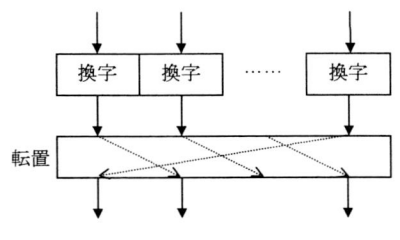

図 4.3 Feistel構造　　図 4.4　SPN(Substitution-Permutation Network)構造

異なる．Feistel構造は，1回だけの処理では下位ブロックのビットパターンがそのまま暗号文の中に現れてしまうため，最低2回以上は処理を行わなければならない．

（b） SPN(Substitution-Permutation Network)構造
古典暗号で使われていた換字や転置という手法をビット単位に適用した方法．
　・換字（Substitution）でビットの値を変更し，
　・転置（Permutation）でブロック内でのビットの位置を変更する
ことにより，データ（ビット）を攪拌する（図4.4参照）．

4.2.4　DES (Data Encryption Standard) の概要

上記Feistel構造の応用例として，ブロック暗号の代表格であるDESを例にとり，具体的な構造を見てみる．ここでは，Feistel構造がどのように適用されているかに着目して暗号手順，復号手順の概略を述べる．詳細な仕様については，参考文献1）などで紹介されているため，そちらの方を参照して欲しい．

＜基本構造＞
DESの仕様は以下のとおりである．
　・ブロック長：64ビット
　・鍵長：64ビット．ただし，8ビット分はパリティなので，実質有効ビット長は56ビットである．
暗号化の手順は以下のとおりである（図4.5参照）．
（1）　初期変換：初期変換IPにより，ビット置換を行う（表4.5）．
（2）　ラウンド関数：ブロックを上位32ビット，下位32ビットに分けて，

図 4.5 DESの基本構造

表 4.5 初期置換IP

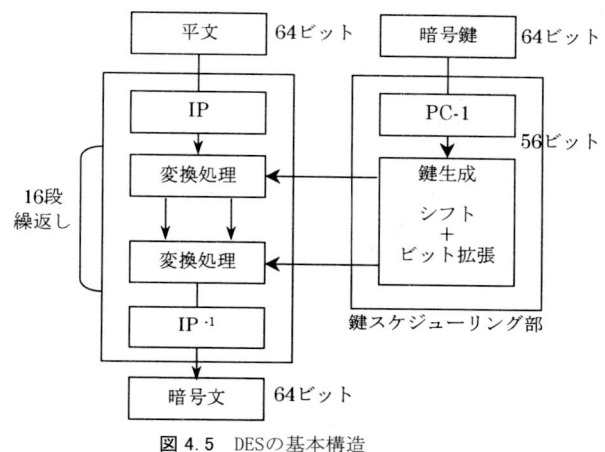

入力	mビット目	58	50	42	34	26	18	10	2	60	52	44	36	28	20	12	4
出力	1～16ビット	1	2	3	4	5	6	7	8	9	10	11	12	13	14	15	16
入力	mビット目	62	54	46	38	30	22	14	6	64	56	48	40	32	24	16	8
出力	17～32ビット	17	18	19	20	21	22	23	24	25	26	27	28	29	30	31	32
入力	mビット目	57	49	41	33	25	17	9	1	59	51	43	35	27	19	11	3
出力	33～48ビット	33	34	35	36	37	38	39	40	41	42	43	44	45	46	47	48
入力	mビット目	61	53	45	37	29	21	13	5	63	55	47	39	31	23	15	7
出力	49～64ビット	49	50	51	52	53	54	55	56	57	58	59	60	61	62	63	64

Feistel構造により暗号鍵を作用させて変換処理を行う．この変換処理を16段繰り返す．

（3）　終了処理：初期変換IPの逆IP^{-1}を行う．

（4）　鍵スケジューリング：暗号鍵は，初期変換PC-1によりパリティビットの除去と，ビット攪拌を行い，その後，シフトとビット拡張によりFeistel構造で作用させる鍵を生成する．

（1）　初期変換

初期変換IPは，入力平文64ビットに対して，表4.5に基づきビット置換を行う．表4.5はIPの入力mビット目が，IPの出力の何ビット目として出力されるかの対応表である．例えば，入力ブロックの58ビット目を出力ブロックの1ビ

ット目として出力，入力ブロックの50ビット目を出力ブロックの2ビット目として出力，というように対応させる．

（2） ラウンド関数

ラウンド関数としては，Feistel構造を採用し，以下のような手順で実施する（図4.6参照）．

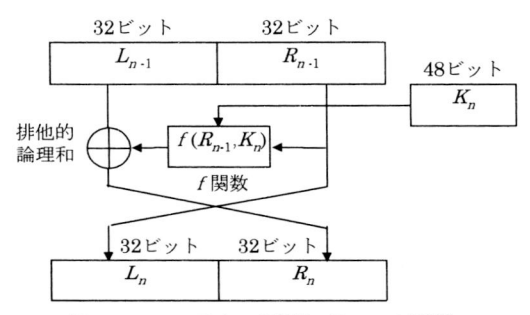

図4.6 DESのラウンド関数（Feistel構造）

n段目の上位ブロック32ビットをL_n，下位ブロック32ビットをR_nとする．
各ブロックに対し，以下の処理を施す．
- 下位ブロック：そのまま次の段の上位ブロックとする．
- 上位ブロック：下位ブロックを鍵とf関数によって変形したものと，上位ブロックのxorをとり，次の段の下位ブロックとして出力する．f関数は，sボックスと呼ばれる非線形変換により構成されている．

それぞれ，式で表すと，

$$L_n = R_{n-1}$$
$$R_n = L_{n-1} \oplus f(R_{n-1}, K_n)$$

となる．

f関数の構成図は図4.7のとおりである．拡大置換 E（表4.6）により，入力32ビットを48ビットに拡大する（16ビット分が重複して用いられる）．次に鍵48ビットとのxorをとる（鍵は，鍵スケジューリングにより，56ビットから毎回48ビット分が出力される）．鍵とのxorの出力結果48ビットを6ビットずつ，

8個のブロックに分割する．各ブロックに対し，Sボックスと呼ばれる非線形変換を施し，4ビットとする（このSボックスという処理がDESの一つの特徴となっている．Sボックスの例を，表4.7に示す）．各4ビットを統合して32ビットとし，置換P（表4.8）によりビットを攪拌する．この結果32ビットを，$f(R_{n-1}, K_n)$の結果として出力する．

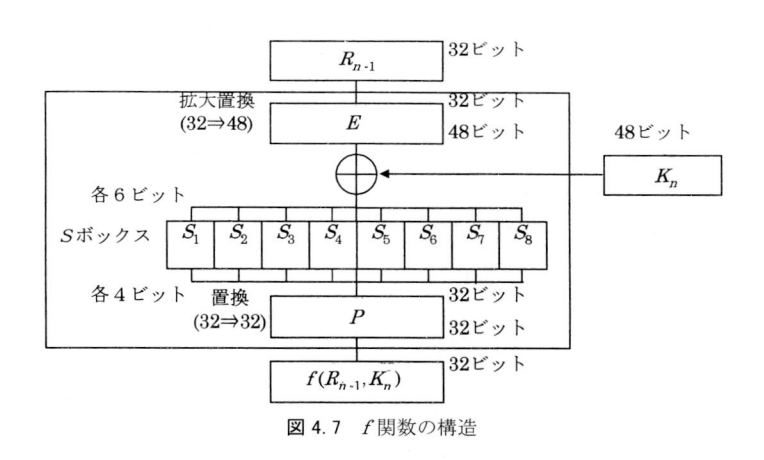

図4.7 f関数の構造

表4.6 拡大置換E

入力	mビット目	32	1	2	3	4	5	4	5	6	7	8	9
出力	1〜12ビット	1	2	3	4	5	6	7	8	9	10	11	12
入力	mビット目	8	9	10	11	12	13	12	13	14	15	16	17
出力	13〜24ビット	13	14	15	16	17	18	19	20	21	22	23	24
入力	mビット目	16	17	18	19	20	21	20	21	22	23	24	25
出力	25〜36ビット	25	26	27	28	29	30	31	32	33	34	35	36
入力	mビット目	24	25	26	27	28	29	28	29	30	31	32	1
出力	37〜48ビット	37	38	39	40	41	42	43	44	45	46	47	48

＊ 拡大置換Eのビット対応．
例えば，入力ブロックの32ビット目を出力ブロックの1ビット目として出力，入力ブロックの1ビット目を出力ブロックの2ビット目として出力，というように対応させる．表で網掛けのところは，入力ブロックのビットが重複して用いられる．

表 4.7　Sボックスの例（S_1）

		$(b_4 b_3 b_2 b_1)_2$															
		0	1	2	3	4	5	6	7	8	9	10	11	12	13	14	15
$(b_5 b_0)_2$	0	14	4	13	1	2	15	11	8	3	10	6	12	5	9	0	7
	1	0	15	7	4	14	2	13	1	10	6	12	11	9	5	3	8
	2	4	1	14	8	13	6	2	11	15	12	9	7	3	10	5	0
	3	15	12	8	2	4	9	1	7	5	11	3	14	10	0	6	13

* Sボックスは全部で8個あるが，ここでは，S_1を例として示す．
2進数を（　）$_2$と表記する．入力6ビットを$(b_5 b_4 b_3 b_2 b_1 b_0)_2$とするとき，上の表で，$(b_5 b_0)_2$が表す行と，$(b_4 b_3 b_2 b_1)_2$が表す列の交わる部分を$S$ボックスの値とする．例えば，入力6ビットが$(110011)_2$のとき，$(b_5 b_0)_2 = (11)_2 = 3$，$(b_4 b_3 b_2 b_1)_2 = (1001)_2 = 9$なので，行3と列9が交わる部分の値11が$S$ボックスの出力となる．

表 4.8　置換P

入力	mビット目	16	7	20	21	29	12	28	17	1	15	23	26	5	18	31	10
出力	1〜16ビット	1	2	3	4	5	6	7	8	9	10	11	12	13	14	15	16
入力	mビット目	2	8	24	14	32	27	3	9	19	13	30	6	22	11	4	25
出力	17〜32ビット	17	18	19	20	21	22	23	24	25	26	27	28	29	30	31	32

* 置換Pのビット対応．
例えば，入力ブロックの16ビット目を出力ブロックの1ビット目として出力，入力ブロックの7ビット目を出力ブロックの2ビット目として出力，というように対応させる．

　以上のラウンド関数を16段繰り返した後，置換Pを施して，暗号化処理が完了となる．元の平文のビットが，かなり複雑に変換されている．鍵スケジューリングの方の処理については，ここでは省略する．参考文献1）に詳細が記述されている．

＜復号方法＞
暗号化の式

$$L_n = R_{n-1} \tag{1}$$
$$R_n = L_{n-1} \oplus f(R_{n-1}, K_n) \tag{2}$$

から，直ちに，

$$R_{n-1} = L_n$$

であることが分かる．
　(2) の両辺と$f(R_{n-1}, K_n)$のxorをとると，

$$R_n \oplus f(R_{n-1}, K_n) = L_{n-1} \oplus f(R_{n-1}, K_n) \oplus f(R_{n-1}, K_n)$$
$$= L_{n-1}$$
$$\therefore L_{n-1} = R_n \oplus f(L_n, K_n)$$

以上より，

$$R_{n-1} = L_n \tag{3}$$
$$L_{n-1} = R_n \oplus f(L_n, K_n) \tag{4}$$

この式と，(1)(2)を見比べると，ちょうどRとLが入れ替わっていることが分かる．

また，データランダム化の最初に行われるIPは，最後のIP^{-1}と打ち消されるので，復号としては，RとLを入れ替えて，もう一度暗号化処理を行えばいいことになる．

これができる理由は，$f(R_{n-1}, K_n)$とのxorをとったとき，$f(R_{n-1}, K_n)$が打ち消されたという点にある．このxorのように2回続けて行うと0となる関数を**インボリューション**と呼ぶ．

4.2.5 ブロック暗号の適用モード

上の方法で暗号化できる平文は64ビット（= 8バイト）であり，日本語なら，たった4文字にすぎない．一般の長い文を暗号化するためには，平文をブロック単位に区切って，その各ブロックに対して，暗号処理を施す．これを，ブロック暗号の適用モードと呼び，ISO/IEC 10116として規定されている．

適用モードには以下の4種類があり，これらは，

(1) 平文ブロックを暗号アルゴリズムにより暗号化する方法
ECB, CBC
(2) 鍵の方を暗号アルゴリズムにより暗号化し，その値と平文のxorをとる方法
OFB, CFB

に分けられる．以下，i番目の平文ブロックをM_i，暗号ブロックをC_iとする．

(1) **ECB**(Electronic Codebook)**モード**

各ブロックごとに独立に暗号化アルゴリズムを適用する方式である（図4.8参照）．

1ブロックのエラーが他のブロックに波及しない，というメリットはあるが，

同一内容のブロックが同一内容の暗号文に変換されてしまうので，統計的攻撃に対して弱い，という欠点がある．

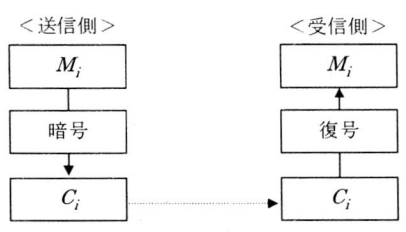

図 4.8 ECB(Electronic Codebook)モード

（2） CBC(Cipher Block Chaining)モード

1番目の平文ブロックは普通に暗号化を行うが，2番目以降の平文ブロックについては，直前の暗号ブロックとのxorをとり，それを入力として暗号化していく方法である（図4.9参照）．

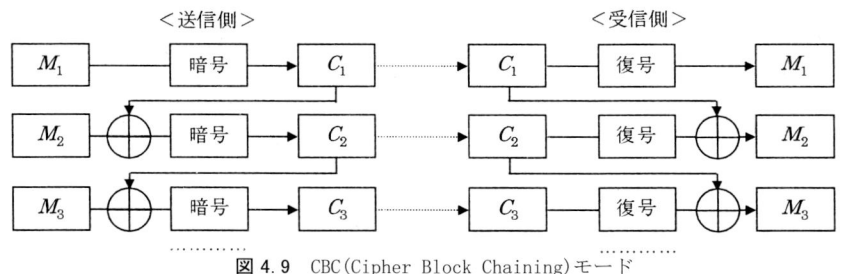

図 4.9 CBC(Cipher Block Chaining)モード

復号は，1番目の暗号ブロックは普通に復号し，2番目以降の暗号ブロックについては，復号した後に，直前の暗号ブロックとのxorをとる．

この方法の場合，同一内容の平文ブロックが同一内容の暗号ブロックになるわけではないため，統計的攻撃に対して強い，というメリットもあるが，暗号ブロックの受信エラーが，次のブロックにも波及する，というデメリットもある．

（3） OFB(Output Feed Back)モード

このモードでは，鍵の方を暗号化して，その出力と平文のxorをとる，という形で暗号化が行われる（図4.10参照）．

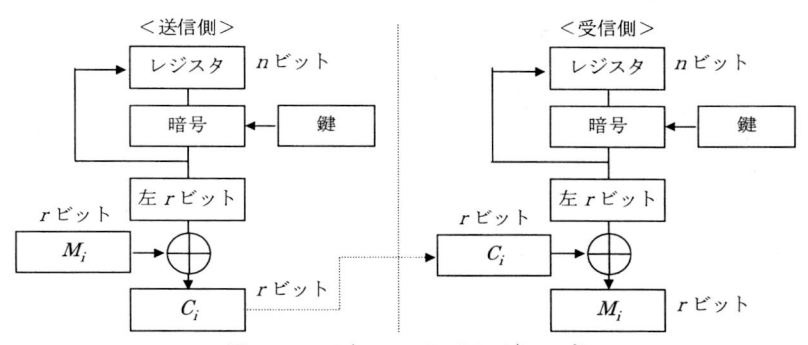

図 4.10 OFB(Output Feed Back)モード

まず，レジスタ内に初期値をセットし，暗号化する．暗号化結果は毎回レジスタに戻される（フィードバックされる）．また暗号化結果から左rビットをとり，平文rビットとのxorをとることによって暗号化する．

復号のときは，レジスタの初期値として同じ値をセットし，暗号化により鍵を生成していき，暗号文とのxorをとることにより，復号化していく．

なお，この方法では，ブロック暗号の復号アルゴリズムは使用していないことに注意して欲しい．

（4） CFB(Cipher Feed Back)モード

シフトレジスタ内に初期値をセットし，暗号化する．この出力の左rビットをとり，平文rビットとのxorをとることによって暗号化する（図4.11参照）．

暗号ブロックは，シフトレジスタの右側に付加し，左側は取り去る（常にnビットとなるようにシフトする）．

復号は，暗号ブロックとのxorをとることにより行う．

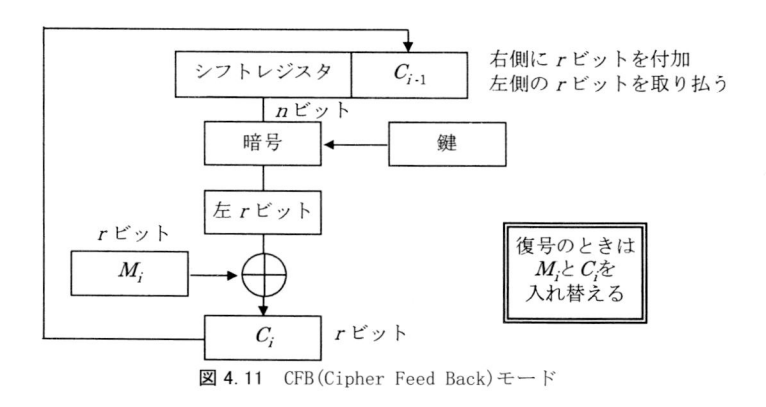

図中:
- シフトレジスタ C_{i-1}
- 右側に r ビットを付加
- 左側の r ビットを取り払う
- n ビット
- 暗号
- 鍵
- 左 r ビット
- r ビット M_i
- C_i
- r ビット
- 復号のときは M_i と C_i を入れ替える

図 4.11 CFB(Cipher Feed Back)モード

4.2.6 その他のブロック暗号

DES以外のブロック暗号でよく使われているものに,表4.9に示すようなものがある.DESがブロック暗号の実質的な標準となったために,DES以降に開発されたその他のブロック暗号は,インタフェース互換(ブロック長・鍵長をともに64ビットとする)を保ちつつ,より強い暗号にする,という方針で設計されている.

具体的には,
- オプションとして,より長い鍵長・ブロック長も許す.または,複数の鍵を使用する
- ラウンド関数の繰返し回数を多くすることによる暗号強度の強化
- DESよりも少ない命令数で実行できるラウンド関数の開発(高速化)
- 各種攻撃法(差分解読法,線形解読法)に対して安全であるような,ラウンド関数の設計,パラメータの選択

などの特徴がある.
差分解読法・線形解読法などの用語については,暗号解読の章で述べる.

4.2.7 Triple DES

近年,DES Challenge(DES暗号を解読するコンテスト.4.4(3))などで,実際にDESが解かれていることから,DESの安全性に対する改善策が求められている.

表 4.9 その他の暗号

名称	考案者	鍵長(ビット)	ブロック長(ビット)	ラウンド関数の段数	備考
MULTI2	日立	64 システム鍵を用いることにより256ビットまで拡張可能	64	n段(可変) 4種類のインボリューション関数	1989年 CSデジタル衛星放送用スクランブルの標準暗号
FEAL (fast encipherment algorithm)	NTT	FEAL-NX: 128 FEAL-N: 64	64	4, 8, 16, 32, …	1990年 FAXなどで実用実績のあるFEAL-8の後継.初期置換(IP)とIP^{-1}で鍵との演算を行うことにより,暗号強度を強化
IDEA	AscomTech社(スイス) Lai, Massey	128	64	8段	1991年 PGP(Pretty Good Privacy)の共通鍵暗号として知られている
RC5	RSA Data Security社 Rivest	16, 32, 64	0..256 (可変)	n段(可変) 12段あれば,差分解読法,線形解読法に対して安全	1995年 ブロック長,鍵長共に可変
MISTY	三菱	128 bit	64 bit	推奨 MISTY1:8段 MISTY2:12段	1996年 差分解読法,線形解読法に対する安全性を考慮

　DESのラウンド関数のアルゴリズム(f関数,Sボックス)自体は,かなり研究されているが明確な弱点は見つかっておらず,むしろよいアルゴリズムであるとの評価を得ている.問題は,鍵長の56ビットが,発表当時(1977年)は十分な長さであると考えられていたが,現在(2000年)の計算能力の下では,比較的短い鍵長に相当する,という点にある.

　そこで,DESのアルゴリズムはそのまま生かし,鍵長を長くする,という発想から生まれたのが,Triple DESという方式である(図4.12参照).

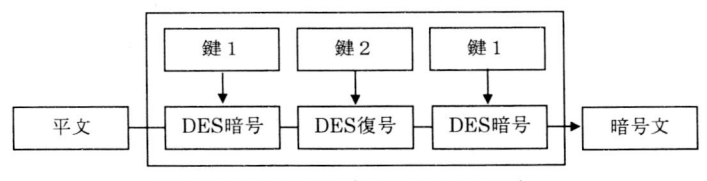

図4.12 Triple DES (2-key Triple DES)

　図4.12で，2番目が「復号」となっているのは理由がある．これを「暗号」とした場合,
　（1）　暗号1の最後のIP^{-1}と暗号2の最初のIP
　（2）　暗号2の最後のIP^{-1}と暗号3の最初のIP
が互いに打ち消されてしまうからである．

　この改良により確かに鍵長は長くなり（112ビット），鍵総当たり法に対する強度は強くなった．しかし，ブロック長は64ビットのままなので，ブロック長に依存した別の攻撃方法（暗号文一致攻撃，辞書攻撃）に対する安全性は向上していない．また Triple DES 固有の攻撃方法（Merkle-Hellman 選択平文攻撃[2]）も存在し，112ビットの強度は実質的に持ち得ていない．結局，本当に強度を強化するためには，鍵長・ブロック長ともに大きくする必要がある．このため，DESの次の共通鍵暗号の標準として，**AES**（Advanced Encryption Standard）の制定が進められている（4.7.1項参照）．

　AESにおいては，ブロック長は128ビット，鍵長は128，192，256ビットとなる．

4.3　公開鍵暗号

4.3.1　公開鍵暗号の基本構造

　共通鍵暗号においては，復号処理は，暗号処理の逆演算として行われる．鍵は暗号化のための鍵と同一のものが用いられるため，鍵が知られた瞬間，暗号は解読されてしまう．

　公開鍵暗号は，一方向性関数（逆演算の実行が困難な関数）を暗号化のための関数として用い，復号用の関数・復号用の鍵を別に用意することにより，暗号化アルゴリズム，暗号鍵を公開してしまう方法である（図4.13参照）．

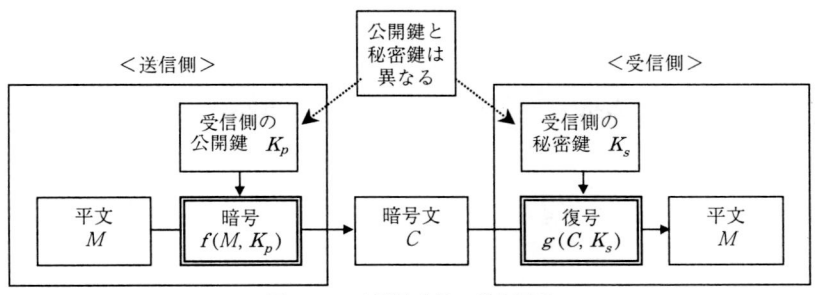

図 4.13 公開鍵暗号の動作原理

<暗号・復号>

鍵生成：まず，受信者は，鍵のペア（公開鍵 K_p と秘密鍵 K_s）を生成し，公開鍵の方のみを公表する．秘密鍵は公開せず，本人が厳重に管理する．

暗　号：入力平文 M と受信者の公開鍵 K_p を，一方向性関数 $f(\ )$ で変換する．変換結果 $C = f(M, K_p)$ を暗号文として，受信者に送る．

復　号：受信者は，暗号文 C と受信者のみが知る秘密鍵 K_s を，復号のための関数 $g(\ )$ を用い，$M = g(M, K_s)$ として，平文 M を取り出す．

<公開鍵暗号方式が成立する理由>
- $f(M, K_p)$ の計算は，$f^{-1}(C, K_p)$ の計算に比べて容易
- $g(M, K_s)$ を計算するのも容易
- $f^{-1}(C, K_p)$ の計算は，計算量的に困難

この方式の場合，送信側・受信側両者の間で秘密情報（鍵）を共有する必要がない（自分の秘密鍵のみを自分で管理すればよい）ため，秘匿情報の漏洩という観点から考えると，共通鍵暗号よりも安全性が高い．しかし，公開鍵暗号の方式が成立する前提として「公開鍵が正しい公開鍵であること」が保証されている必要がある．それを保証する手段として，認証局（CA：Certification Authority，4.5.3項で記述）のような仕組みが必要となる．

4.3.2 公開鍵暗号の分類

公開鍵暗号は，実現のための基本原理となっている数学的な一方向性問題の種類により，表4.10のようにIF型，DL型，EC型の3つに分類できる．

表 4.10 公開鍵暗号の分類

分類	数学的原理	代表的な暗号方式
IF型 (Integer Factorization) 大きな数の素因数分解の困難性に基づく	2つの素数 p, q の積 n を計算するのは容易 大きな数 n を，$p \times q$ に素因数分解するのは困難	RSA RW(Rabin-William) Okamoto-Uchiyama EPOC, OAEP
DL型 (Discrete Logarithm) 素数 p の剰余類群における離散対数問題	素数 p，原始根 a を共有情報とする ある数 x について， 　$b \equiv a^x \pmod{p}$ を計算するのは容易 a, b, p から， 　$b \equiv a^x \pmod{p}$ を満たすような x を計算するのは困難	Diffie-Hellman 鍵配送・共有 ElGamal Cramer-Shoup
EC型 (Elliptic Curve) 有限体上の楕円曲線上に定義された加法群における離散対数問題	有限体上の楕円曲線上の点に対し，加算を定義し，複数回の加算をスカラー倍として定義する 楕円曲線上の点G（ベースポイント）を共有情報とする ある数 x について， 　$y = x\,G$　（楕円曲線上のスカラー倍） を計算するのは容易 y, G から， 　$y = x\,G$　（楕円曲線上のスカラー倍） を計算するのは困難	EC Diffie-Hellman 鍵配送・共有 EC-ElGamal EC-Cramer-Shoup ECES, ECAES

共通鍵暗号と異なり，公開鍵暗号の復号方法・安全性は必ずしも自明ではないため，

- なぜこの方法で復号できるのか
- なぜ第三者は，暗号文・公開鍵から復号することができないのか
- 第三者が，暗号文・公開鍵から復号するためには，どのようにすればよいか

という観点から，特に注意して見て欲しい．

以下，各型の代表的なアルゴリズムについて解説する．

4.3.3 RSA

IF型（大きな数の素因数分解の困難性に基づく暗号）の代表として，RSAがある．Rivest, Shamir, Adlemanの3名によって，1978年に発表された方式であり，公開鍵暗号としては，現在，最も普及している．RSAの暗号・復号アルゴリズムは，表4.11に示すとおりであり，以下のようになる．

表4.11 RSA

鍵	鍵生成	p, q：大きな素数 $n=pq$ $\lambda=(p-1と q-1の最小公倍数)$ e：λと互いに素（最大公約数が1）となる数 $d=e^{-1} \pmod{\lambda}$．ここで，$\pmod{\lambda}$はλで割った余りを意味する
	公開鍵	公開鍵：e, n
	秘密鍵	秘密鍵：d p, qも秘密にする（秘密情報）
手順	暗号	平文mに対し，公開鍵eを用いて， 　$c=m^e \pmod{n}$ を計算する
	復号	暗号文cに対し，秘密鍵dを用いて， 　$m=c^d \pmod{n}$ を計算する
根拠	秘密鍵で復号できる理由	$c^d = m^{ed}$ 　　$= m^{k\lambda+1}$ $m^{k\lambda}=1 \pmod{n}$だから $c^d = m$ となる
	公開鍵から，秘密鍵を見つけられない理由	dが必要　⇔　λが必要 　　　　　　⇔　nを素因数分解する必要あり 　　　　　　⇔　大きな数の素因数分解は困難

<鍵生成>

大きな素数p, qを選ぶ．$n=pq$，$\lambda=(p-1と q-1の最小公倍数)$とする．λと互いに素（最大公約数が1）となる数eを選び，eとdの積をλで割った余りが1となるような数dを計算する．n, eを公開しp, q, λ, dを秘密にする．n, eが公開鍵，dが秘密鍵となる．

<暗号>

平文 m に対し,公開鍵 e を用いて,m の e 乗を n で割った余り c を計算する.この値 c を暗号文とする

<復号>

暗号文 c に対し,秘密鍵 d を用いて,c の d 乗を n で割った余りを計算する.この値が平文 m となる.

ここで,復号できる理由は,以下のとおりである.すなわち,

$$c^d = (m^e)^d = m^{ed} = m^{k\lambda + 1} = m^{k\lambda} \cdot m$$

ここで $m^{k\lambda} = 1 \pmod{n}$ である.($\because$ フェルマーの小定理により $m^\lambda = m^{a(p-1)} = 1 \pmod{p}$,$m^\lambda = m^{b(q-1)} = 1 \pmod{q}$ であるので $m^\lambda = 1 \pmod{p \cdot q}$)したがって $c^d = m$.

また,暗号文 c と公開鍵 e,n から,解読できない理由は,以下のとおりである.すなわち,復号のためには,d を知る必要がある.d を知るためには λ を知る必要がある.n の素因数分解ができれば,$n = pq$ となる p,q から λ を計算できるが,n の素因数分解が困難なので,λ の値を知ることができない.したがって,d を知ることもできず,解読が困難となる.

鍵長としては 512,768,1024,2048 ビットが使用されているが,1024 ビット以上の鍵長を使用することが望ましい.

4.3.4 ElGamal暗号

DL型(素数 p の剰余類群上の離散対数問題に基づく暗号)の代表としてElGamal暗号がある.これは,1985年ElGamalによって考案されたものであり,表 4.12 に示すような処理を行う.

鍵長としては,512,768,1024,2048 ビットなどが使用される.

4.3.5 楕円曲線暗号

楕円曲線上の離散対数問題を基本原理とする楕円曲線暗号の考え方は,1985年に,Koblitz,Millerにより,それぞれ独立に発表された.

楕円曲線暗号とは,正確に言うと,

<u>有限体</u>[1]上で定義された<u>楕円曲線</u>[2]上の<u>加法群</u>[3]における離散対数問題に基づく暗号

を意味する.よって,楕円曲線暗号の具体的なアルゴリズムを説明する前に,

表 4.12　ElGamal暗号

鍵	鍵生成	p：大きな素数 x：乱数 a：pの原始根 $y=a^x \pmod{p}$ を計算する
	公開鍵	公開鍵：y 公開情報：p, a
	秘密鍵	秘密鍵：x
手順	暗号	乱数 k を生成する 平文 m に対し，公開鍵 y を用いて，以下の2つの値，C_1, C_2 を計算する 　　$C_1 = a^k \pmod{p}$ 　　$C_2 = m y^k \pmod{p}$ (C_1, C_2) を暗号文とする
	復号	暗号文 (C_1, C_2) に対し，秘密鍵 x を用いて， 　　$m = C_2 (C_1^x)^{-1} \pmod{p}$ を計算する
根拠	秘密鍵で復号できる理由	$C_1^x = a^{kx} \pmod{p}$ $C_2 = m y^k$ 　　$= m a^{xk} \pmod{p}$ より， $m C_1^x = C_2 \pmod{p}$ となる
	公開鍵から，秘密鍵を見つけられない理由	y, p, a から x を算出することは困難（離散対数問題） C_1, p, a から k を算出することは困難（離散対数問題）

準備として，有限体，楕円曲線，加法群について，順に説明していく．

（1）有限体

　実数の集合のように四則演算について閉じている（演算の結果がその集合に含まれること．ただし，0による除算を除く）集合を**体**と呼ぶ．有理数，実数，複素数などの集合は，全て体である．一方，整数の集合は，除算の結果が必ず整数になるとは限らないので，体ではない．

　上にあげた例の場合，集合の要素（元）は無数にあるが，体の中には，有限個の元から構成される体もある．このような体を**有限体**と呼ぶ．

　有限体には，**素体**（$GF(p)$），**拡大体**（$GF(p^n)$）の2種類がある．後者については，暗号の分野では，素体 $GF(2)$ の上に構成される拡大体 $GF(2^n)$ を利

用することが多い.

<素体:$GF(p)$>

整数を素数pで割ったときの余り全体 $\{0, 1, 2, \ldots, p-1\}$ をpの**剰余類**と呼ぶ.

この集合の元に対し,整数として加法・乗法を行い,pで割った余りをとると,必ず元の集合に含まれる.これを**素体** $GF(p)$ と呼ぶ.$GF(p)$の要素の数(位数)はpである.$GF(p)$での演算(pで割った余り)を,mod pでの**演算**と呼ぶ.加法,乗法については,表4.13のようになる.

表4.13 $GF(5)=\{0, 1, 2, 3, 4\}$ の加法と乗法

<加法>

+	0	1	2	3	4
0	0	1	2	3	4
1	1	2	3	4	0
2	2	3	4	0	1
3	3	4	0	1	2
4	4	0	1	2	3

<乗法>

×	0	1	2	3	4
0	0	0	0	0	0
1	0	1	2	3	4
2	0	2	4	1	3
3	0	3	1	4	2
4	0	4	3	2	1

減算,除算については以下のように定義する.

まず,それぞれの演算について,任意の元aに対して,

$a * x = x * a = a$ (*は,+または×)

を満たすような元xを**単位元**と呼ぶ.加法の単位元は0,乗法の単位元は1である.

また,それぞれの演算について,任意の元aに対して,

$a * b = b * a = $(単位元)

となるような元bを**逆元**と呼ぶ.aに対する加法の逆元を$-a$,乗法の逆元をa^{-1}と表す.この逆元を用いて,減算,除算を以下のように定義する.

減算:加法の逆元との足し算:$a - b = a + (-b)$

除算:乗法の逆元との掛け算:$a/b = a \times (b^{-1})$

例えば,表4.13から,

$3 - 4 = 3 + (-4) = 3 + 1 = 4$

$3/4 = 3 \times (4^{-1}) = 3 \times 4 = 2$

となる.

＜拡大体：$GF(2^n)$＞

素体$GF(2)$上で構成される体を**拡大体**$GF(2^n)$と呼ぶ．拡大体$GF(2^n)$の要素の数（位数）は2^nとなる．このときのnの値を，**拡大次数**と呼ぶ．

拡大体には，主に2つの表現方法，

（a）　polynomial base（多項式基底表現）

（b）　normal base（正規基底表現）

がある．ここでは，多項式基底表現について説明する．

例． 拡大体$GF(2^2)$の多項式基底表現

係数が$GF(2)$の要素（0, 1）であるような2次（拡大次数）の既約多項式を一つ選ぶ（「既約」とは，それ以上因数分解できないことを意味する）．例えば，x^2+x+1とする．係数が（0, 1）であるような多項式を，x^2+x+1で割った余りは，以下の4個となる．

　　　　$0, 1, x, x+1$

これらの元からなる集合に対し，演算を以下のように定義する．

まず，加法，乗法は，通常の多項式としての加法・乗法を行い，x^2+x+1で割った余りを，表4.14に示すように$GF(2^2)$内での演算結果とする．係数が$GF(2)$の要素なので，例えば，

　　　　$x+(x+1)=1$

となる．

表4.14　$GF(2^2)=\{0, 1, x, x+1\}$の加法と乗法（既約多項式をx^2+x+1とする）

＜加法＞

+	0	1	x	$x+1$
0	0	1	x	$x+1$
1	1	0	$x+1$	x
x	x	$x+1$	0	1
$x+1$	$x+1$	x	1	0

＜乗法＞

×	0	1	x	$x+1$
0	0	0	0	0
1	0	1	x	$x+1$
x	0	x	$x+1$	1
$x+1$	0	$x+1$	1	x

加法の単位元は0，乗法の単位元は1となる．減算，除算は，
減算：加法の単位元0についての逆元との加法
除算：乗法の単位元1についての逆元との乗法
として定義する．

多項式表現において，各項の係数を並べた表現を**ベクトル表現**と呼ぶ．係数は0か1の値しかとらないため，表4.15に示すようにビット列として表現できる．

表4.15 多項式表現とベクトル表現

多項式表現	ベクトル表現
0	(00)
1	(01)
x	(10)
$x+1$	(11)

ベクトル表現の場合，加法はビットごとのmod 2での加法として容易に計算できる．

拡大体の演算はビット列の基本演算（and, or, xor, not）の組み合わせとして設計できるため，専用ハードウェアによる高速化が可能である．しかし，ソフトウェアのみで実装する場合は，素体の場合に比べて，計算回数が増える傾向にある．

暗号の実装上は，どちらがより優れているということはなく，実装する際のプラットフォーム（例えば，対象とするCPUがどのような命令を持っているか，など）から，どちらかを選択することとなる．

（2）楕円曲線

曲線$E: y^2 = x^3 + ax + b$ $(a, b, x, y \in k:体)$ に対し，無限遠点と呼ばれる仮想的な点を付加した曲線を**楕円曲線**と呼ぶ（図4.14，4.15参照）．

曲線の定義式$y^2 = f(x)$において，右辺の$f(x)$の次数が$2g+1$のとき，gの値を**種数**（genus）と呼ぶ．楕円曲線の種数は1である．種数が2以上の場合，**超楕円曲線**と呼ぶ．

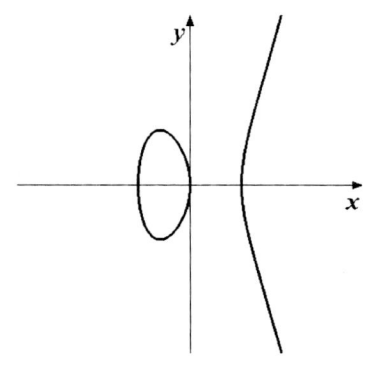

図 4.14 楕円曲線（例 1 : $y^2=x^3-9x$） 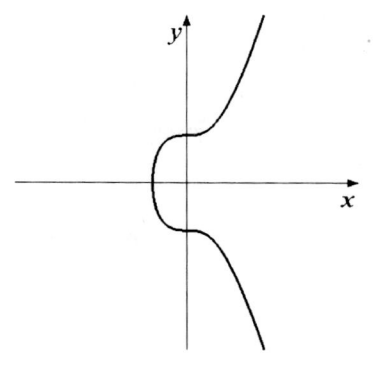　　図 4.15 楕円曲線（例 2 : $y^2=x^3+8$）

（3）楕円曲線上の点に対する「加法」の定義

楕円曲線 E 上の 2 点 P, Q に対し, E と直線 PQ が交わる点を R* とする. x 軸に対して R* と対象の位置にある点を R とする. この R を P＋Q の値として定義する（図 4.16）.

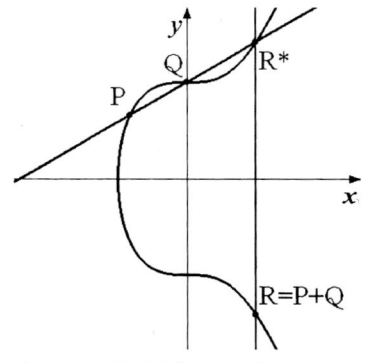

図 4.16 楕円曲線上の加法 (R＝P＋Q) 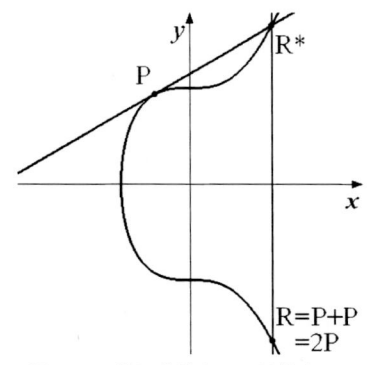　　図 4.17 楕円曲線上の 2 倍算 (R＝2P)

P＝Q の場合は, 直線 PQ の代わりに, P における接線を考える（図 4.17）. 直線 PQ が y 軸と平行な場合は, 無限遠点 O と交わっていると考え, P＋Q＝O と定義する. この無限遠点 O との加法は, P＋O＝O＋P＝P と定義する（O は単位元となる）.

特にP＝Qの場合の，P＋Pを2Pと表す．この2PとPの加法を考えることにより，3P＝P＋2Pが得られる．このようにして，点Pをn個足し合わせた結果として点Pのスカラー倍nPを考えることができる．

楕円曲線上の点と無限遠点からなる集合は，加法について閉じている．このように，ある演算について閉じている集合を**群**と呼ぶ．特にこの場合，加法についての群なので，**加法群**と呼ぶ．

以上のことを，有限体上で考える．

$P=(x_0, y_0)$，$Q=(x_1, y_1)$，$R=(x_2, y_2)$としたとき，$R=P+Q$の座標の値は，表4.16のようになる．

表4.16　有限体上での楕円曲線の加法公式

	素体：$GF(p)$	拡大体：$GF(2^n)$
楕円曲線の標準形	$y^2=x^3+ax+b$	$y^2+xy=x^3+ax+b$
加法 $P=(x_0, y_0)$ $Q=(x_1, y_1)$ $R=P+Q$ $=(x_2, y_2)$	$x_2=\lambda^2-x_0-x_1 \pmod{p}$ $y_2=(x_1-x_2)\lambda-y_1 \pmod{p}$ ただし， $\lambda=(y_0-y_1)/(x_0-x_1) \pmod{p}$	$x_2=a+\lambda^2+\lambda+x_0+x_1$ $y_2=(x_1+x_2)\lambda+x_2+y_1$ ただし， $\lambda=(y_0+y_1)/(x_0+x_1)$
2倍 $P=(x_1, y_1)$ $2P=P+P$ $=(x_2, y_2)$	$x_2=\lambda^2-2x_1 \pmod{p}$ $y_2=(x_1-x_2)\lambda-y_1 \pmod{p}$ ただし， $\lambda=(3x_1^2+a)/(2y_1) \pmod{p}$	$x_2=a+\lambda^2+\lambda$ $y_2=(x_1+x_2)\lambda+x_2+y_1$ ただし， $\lambda=x_1+y_1/x_1$

＊　除算は，各体における乗法に関する逆元との積として求める．

＜楕円曲線上の離散対数問題＞

以上で，楕円曲線上の離散対数問題を説明するための準備ができた．

楕円曲線E上の点Pと整数dに対し，$Q=d$Pとする．

・d，Pが与えられたとき，楕円曲線上の点Q（$=d$P）を計算するのは簡単．

・Q，Pが与えられたとき，$Q=d$Pとなるようなdの値を算出するのは困難．

これを，楕円曲線上の離散対数問題と呼ぶ．

（4） EC-ElGamal暗号

4.3.4項で説明したElGamal暗号を，楕円曲線上で定義したEC-ElGamalについて説明する．素数pの乗法群に対する離散対数問題が，楕円曲線上の加法群における離散対数問題に，素数pでの乗法群での乗算が，楕円曲線上での加算に対応する．暗号・復号アルゴリズムは表4.17のとおりである．

鍵長としては，112，128，160，192，224，256ビットなどが使用される．

表 4.17 EC-ElGamal暗号手順（素体ベース）

鍵	鍵生成	p ：素数（体の位数） E ：楕円曲線 $y^2 = x^3 + ax + b$ d ：乱数 P ：楕円曲線上の点（ベースポイントと呼ぶ） $Q = d$P を計算する
	公開鍵	公開鍵：Q 公開情報：p, a, b, P （a, bをドメイン・パラメータと呼ぶ）
	秘密鍵	d
手順	暗号	乱数kを生成する 平文mに対し，公開鍵Qを用いて，以下の2つの値，C_1, C_2を計算する． 　　$C_1 = (k\text{P}のx座標)$ 　　$C_2 = (k\text{Q}のx座標) + m$ （C_1, C_2）を暗号文とする
	復号	暗号文（C_1, C_2）に対し，秘密鍵dを用いて， 　　$m = C_2 - dC_1$ を計算する
根拠	秘密鍵で復号できる理由	$dC_1 = dk\text{P} = k\text{Q}$ より， 　　$C_2 - dC_1 = k\text{Q} + m - k\text{Q}$ 　　　　　　$= m$ となる
	公開鍵から，秘密鍵を見つけられない理由	Q, Pからdを算出することは困難 （楕円曲線上の離散対数問題） C_1, Pからkを算出することは困難 （楕円曲線上の離散対数問題）

(5) DL型とEC型の対応

DL型，EC型は，どちらもある群の上の離散対数問題に基づいているため，両者の間には，表4.18のような対応がある．

表4.18 DL型とEC型の対応

	DL型	EC型
群の元（要素）	素数pによる既約剰余群 $\{0, 1, \cdots, p-1\}$	楕円曲線上の加法群 {楕円曲線上の有理点＋無限遠点}
基本要素	原始根 a	ベースポイント P
群の演算	乗法	楕円曲線上の加法
基本演算	ベキ乗	楕円曲線上のスカラー倍
表記法	要素：x, y 乗法：$x\,y$ ベキ乗：a^x	要素：P, Q 加法：P＋Q スカラー倍：dP
離散対数問題	a, yから， $y=a^x \pmod{p}$ となるxを求める	Q, Pから， Q＝dP となるdを求める

4.3.6 共通鍵暗号と公開鍵暗号の比較

共通鍵暗号，公開鍵暗号にはそれぞれ以下のような特徴がある（表4.19参照）．

速度に関しては，共通鍵暗号の方が圧倒的に速く，公開鍵暗号に比べて一般に2桁～3桁程度のオーダの違いがある．これは，共通鍵暗号のアルゴリズムが主にビットに対する演算から成り立っており，ハードウェアが最初から持っている命令型を，そのまま組み合わせて実現できるためである．一方，公開鍵暗号のアルゴリズムは，算術的に複雑な命令から構成されており，実装にあたっては，多数の命令の組み合わせとなってしまう．このため，公開鍵暗号は大きなサイズの文書の暗号化には向かない．

運用性の観点から考えると，共通鍵暗号は，鍵を第三者には知られないようにして共有する必要があり，これをどのように実現するかが大問題となる．さらに，やりとりする相手ごとに鍵を変える場合，膨大な数の鍵を管理しなければならない．一方，公開鍵暗号の場合，公開鍵を秘密裏にやりとりする必要がない．秘密鍵は，自分の物のみを管理すればよく，かつ，やりとりする相手ご

とに変更する必要もない．さらに，公開鍵暗号の場合，デジタル署名という第5章に示す新しい用途もある．

表 4.19　共通鍵暗号と公開鍵暗号の比較

	共通鍵暗号	公開鍵暗号
利点	処理速度が速い	・鍵の管理が容易 　（自分の秘密鍵のみを管理すればよい） ・デジタル署名が可能
欠点	鍵の管理が困難 （秘密鍵を配送する必要がある）	処理速度が遅い ⇒サイズの大きい文書の暗号化には向かない

そこで，両者の利点を生かした，以下のような運用形態をとることが多い（図4.18参照）．

（1）　一般の文書のようなサイズの大きいものは，共通鍵暗号により暗号化する．
　　　暗号化の鍵は，毎回乱数で生成する（使い捨てにする）．
（2）　暗号化に使った鍵は，公開鍵暗号で暗号化して送る（鍵は文書に比べてサイズが小さいので，処理速度の問題は生じない）．

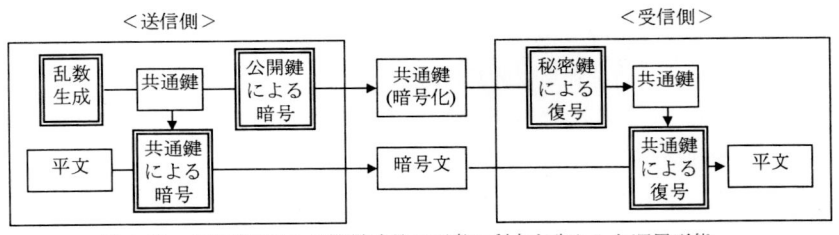

図 4.18　共通鍵暗号と公開鍵暗号の両者の利点を生かした運用形態

4.4　暗号に対する解読・攻撃方法

4.4.1　ブロック暗号に対する攻撃方法[5]

ブロック暗号に対する攻撃方法としては，表 4.20のようなものがある．

(1) 暗号文攻撃 (ciphertext only attack)

全ての鍵の候補を調べる全数探査法という攻撃方法がある．探査の対象は，鍵長が n ビットの場合，2^n 個となるが，解読できる確率はその半分になるので，2^{n-1} 個となる．この攻撃に対する暗号の強度は，鍵長に依存する．

表 4.20 ブロック暗号に対する攻撃方法

名称	攻撃方法	具体的な方法
暗号文攻撃 (ciphertext only attack)	暗号文のみが利用できる場合の攻撃方法	brute force method ・全数探査法（鍵の総当り）
既知平文攻撃 (known plaintext attack)	平文と対応する暗号文が利用できる場合の攻撃方法	・辞書攻撃 ・タイム・メモリ・トレード・オフ法 ・線形解読法
選択平文攻撃 (chosen plaintext attack)	攻撃者が任意に選択した平文とそれに対応した暗号文が利用できる場合の攻撃方法	・差分解読法 高階差分解読法，補間攻撃法 分割攻撃，関連鍵攻撃 スライド攻撃，mod n 攻撃
選択暗号文攻撃 (chosen ciphertext attack)	攻撃者が任意に選択した暗号文とそれに対応した平文が利用できる場合の攻撃方法	ブーメラン攻撃 （選択平文・選択暗号文混合型）

(2) 既知平文攻撃 (known plaintext attack)

平文と暗号文の対を利用できる状況（ただし，任意に選択することはできない）での攻撃を既知平文攻撃と呼ぶ．

(a) 辞書攻撃

ある鍵に対する平文と暗号文の対を集めておき，新たな暗号文が入手できたとき，その表から，平文に関する情報を入手する方法．この攻撃に対する暗号の強度は，ブロック長に依存する．

(b) タイム・メモリ・トレード・オフ法

1980年にHellmanが発表した方式．まず，複数個の鍵の候補を選択する．これらの鍵を使って，(ⅰ) 平文1ブロックを暗号化，(ⅱ) その暗号文を鍵長と同じ長さになるように変形（例えば，下位ビットから必要ビット数だけ取り出す），それを新たな鍵の候補と見なす，(ⅲ) その鍵を用いて平文1ブロックを

暗号化，という処理を一定回数繰り返し，最初の鍵と最後の鍵のペアを表として保存しておく．新たな暗号文が入手できたとき，その暗号文を鍵長に変形して上と同じ処理を施すと，保存しておいた鍵ペアの最後の状態と一致するものが見つかるはずである．このとき，対応する鍵の初期値に対し，表を作ったときと同じ処理を施すと，真の鍵を求めることができる．最初の鍵候補について，

- 鍵候補が多い場合，鍵ペアを保存するための領域が大量に必要．
  ただし，計算時間は短くて済む．
- 鍵候補が少ない場合，鍵ペアを保存するための領域は小さくてよい．
  ただし，繰り返し回数が大きくなるため，計算時間がかかる．

というところから，タイム（計算時間）・メモリ（記憶容量）・トレード・オフと呼ばれる．この攻撃に対する暗号の強度は，鍵長に依存する．

以上説明した方法は，特に暗号アルゴリズムに依存しない比較的古典的な攻撃方法だが，以下に説明する方式は，ブロック暗号の構造を利用した，かなりテクニカルな攻撃方法である．

（c） 線形解読法（linear cryptanalysis）[3,4]

1993年，松井により発表された方式．ラウンド関数は一般に非線形関数だが，これを線形関数で近似し，ランダムな入力に対して，特定のビットに着目する．通常であれば，0,1の出現確率は1/2に近いが，これが1/2から大きく外れている場合，鍵の1ビットの情報を高い確率で特定できる．この方式は，後述する差分解読法に比べて，任意の平文でよいという点で優れている．線形解読法に対する安全性の指標としては，平均線形確率，最大線形特性確率という値が使われる．

線形解読法で必要となる平文・暗号文のペアの数は，平均線形確率の逆数となる．DESは，2^{43}個の既知平文と，2^{42}回の暗号化処理により解読可能であることが，1994年，松井によって示された．

（3） 選択平文攻撃（chosen plaintext attack）

（a） 差分解読法（Differential cryptanalysis）[15]

1989年 Biham, Shamirにより発表された．

ある一定の差分（2つの平文のxorをとったもの）を持つ平文の対と，それに対する暗号文の対が利用できる場合，それらを用いて鍵を求める解読方法．差分解読法に対する安全性の指標としては，平均差分確率，最大差分特性確率

が使われる.

差分解読法で必要となる平文・暗号文ペアの数は,平均差分確率の逆数となる.DESの場合,2^{47}個の選択平文,2^{37}回の暗号化処理により解読できることが,1993年Biham,Shamirによって示された.

これらの手法により,全数探査法よりも少ない計算量でDESの解読が可能であることが示された.そのため,暗号の強度評価のための尺度として,

- 鍵長:鍵の全数探査に対する強度
- ブロック長:暗号文一致攻撃,辞書攻撃に対する強度

の他に,

- 差分解読法に対する強度:特定差分を有する平文ペアに対する暗号文が,特定差分を有する確率が低いこと(入力差分と出力差分の発生度数に,十分なばらつきがあること)
- 線形解読法に対する強度:暗号アルゴリズムの非線形部分に対する線形近似を行っても,線形関係の発生確率が1/2に近いこと

なども,必要条件として求められるようになってきた.

また,上記以外の攻撃方法(高階差分解読法,補間攻撃法,…)もいろいろ考案されており,ある方法に対しては安全なことが保証されても,別の攻撃で解読されることも十分あり得る.常に新しい攻撃方法に対する評価が求められる.

4.4.2　物理的攻撃方法 [16)]

公開鍵暗号の秘密鍵の保存手段として,ICカードが注目されている.ICカードは,磁気カードとは異なり,不正な手段による物理的な情報の読み書きができないため,磁気カードよりも安全であるとされているが,最近,以下のようなICカードなどの物理的な特性を利用した攻撃方法がいろいろ発表されている.

(1) 故障を利用した攻撃法

規格外の電圧や衝撃などを与えることにより,内部レジスタに1ビットのエラーを起こすことができるものとする.このとき,多数の平文とその暗号文および故障により生じた誤った暗号文から,暗号アルゴリズムのどの部分でエラーが起きたか特定できる場合がある.そのエラー情報を元に,秘密鍵の一部を求める方法.

（2） **電力差分攻撃法** (Differential Power Analysis)
暗号処理を実行中に，チップ内のレジスタが保持している値が変化する際の消費電力を計測し，その消費電力の変化から，内部の鍵情報を求める方法．

（3） **タイミング・アタック**
RSAなどの暗号化・復号化でベキ乗計算を行う場合，高速化のためバイナリ演算が行われることが多い（鍵の値を2進数で表し，0，1に応じて，2乗，通常の掛け算を行い，ベキ乗計算を高速化する方法）．この場合，2乗と通常の掛け算では計算時間が異なる．これを利用し，多数の入力についてのベキ乗計算の部分の計算時間を計測し，鍵のビットパターンを求める方法．

これらの手法が開発されたことにより，従来安全とされてきたICカードも，無条件に安全とはいい切れなくなった．逆にいうならば，これらの攻撃に対しても安全であるような暗号の実装方式が求められている．

4.4.3 DES Challenge
56ビットのDESを鍵総当りで解くDES ChallengeというコンテストがRSA社主催により行われており，現実に，DESが解読されている．鍵総当りに必要な計算量は，

$$2^{56} = 72057594037927936 = 7.2 \times 10^{16}$$

となる．過去3回（＋1回）の概要は，表4.21のとおりである．

詳細は，RSA社のWebページ http://www.rsasecurity.com/rsalabs/challenges/ で公表されている[9]．

4.4.4 公開鍵暗号に対する攻撃方法
（1） **IF型に対する攻撃方法**
IF型の解読は，素因数分解により行われる．代表的な方法としては，
- ある桁数以下の数を素因数分解するアルゴリズム：複数多項式二次ふるい法 (Multiple Polynomial Quadratic Sieve Method)，数体ふるい法 (Number Field Sieve Method)
- 桁数に依存せず，素因数を見つけだすアルゴリズム：楕円曲線法 (Elliptic Curve Method)

がある．

表 4.21 DES Challenge

コンテスト名	解読時間	計算量	解読者
DES Challenge (1997.1.28)	96日間 1997.3.13〜6.17	参加PC台数 約7万台	Rocke Verser主催
DES Challenge II (1998.1.13)	39日間 1998.2.26 完了	参加者 22000人 50000 CPU	The distributed.net team
DES Challenge II-2 (1998.7.13)	56時間 1998.7.17 完了	専用ハード DES Cracker (制作費： 25万＄)	EFF (Electric Frontier Foundation)
DES Challenge III (1999.1.18)	22時間15分 1999.1.19 完了	DES Cracker ＋PC 10万台	EFF (Electric Frontier Foundation)

（2） DL型に対する攻撃方法

DL型の解読は，離散対数問題を解くことによって行われる．代表的な方法としては，

Pohlig-Hellman アルゴリズム

指数計算法（Index Calculus）

などがある．また，指数計算法の発展形として，数体ふるい法も使われる．

（3） EC型に対する攻撃方法

EC型は，基本的には離散対数問題を利用しているので，DL型と同じくPohlig-Hellmanアルゴリズムが適用できる．ただし，群の基本演算が一般のDL型よりも複雑なため，Pollardのρ法のような単純なアルゴリズムも使われる．

また，EC型の場合，群の位数（要素数）によっては，DL型での問題に帰着して，より少ない計算時間で解ける場合がある．このような例としては，

・MOV(Menezes-Okamoto-Vanstone)帰着：群の位数が $p+1$

・FR(Frey-Rück)帰着：群の位数が $p-1$

・Anomalous曲線：群の位数が p

などがある．

各解読方法に関する計算量の評価式として，

$$L_p[a, b] = \exp((b+o(1))(\log p)^a (\log \log p)^{1-a})$$

表 4.22 各解読方法に関する計算量の評価式

分類	アルゴリズム	計算量	備考
IF	数体ふるい法 (NFS)	合成数nのサイズに依存 $L_n[1/3, 1.922]$	$p-1$, $p+1$がsmooth（小さい素数の積）の場合, $p-1$法, $p+1$法で解ける
	楕円曲線法 (ECM)	素因数pのサイズに依存 $L_p[1/2, 1.414]$	
DL	Pohlig-Hellman アルゴリズム	多項式時間 $o((\log p)^2)$	数体ふるい法は指数計算法 (Index Calculus) の応用形
	数体ふるい法 (NFS)	$L_n[1/3, 1.922]$	
EC	Pohlig-Hellman アルゴリズム	多項式時間 $o((\log p)^2)$	要素数により, 一般のDL問題に帰着して解ける場合あり ・MOV帰着：要素数$p+1$ ・FR帰着：要素数$p-1$ ・Anomalous：要素数p
	Pollard ρ法	ベースポイントの位数nに対し, $o(2^{n/2})$	

という評価式が用いられる．それぞれの係数は表4.22を参照して欲しい．このaの値（例えば1/3）が小さいほど，強力な解読方法であるということがいえる．

4.4.5 公開鍵暗号の強度比較 [9]

公開鍵暗号を各方式に対する最良アルゴリズムで解読しようとした場合，必要となる計算量は表4.23のようになる．必要な計算量が多いほど，安全性が高い，ということがいえる．

表 4.23 公開鍵暗号の強度比較（IEEE P1363/D13より）

EC型 生成元の位数 のビット長	IF型 modのビット長	必要な計算量 (MIPS-Year)
128	512	4.0×10^5
172	1024	3×10^{12}
234	2048	3×10^{21}
314	4096	3×10^{33}

生成元の位数：楕円曲線上の有理点の個数．
modのビット長：公開鍵$n(=p \times q)$のビット長．
MIPS-Year：1 MIPS（1秒間に命令100万回が実行可能）のマシンを1年間実行させたときの計算量（約3×10^{13}命令）．
　　　　　例えば，4.0×10^5 MIPS-Yearとは，1 MIPSのマシン1台を，4.0×10^5年実行させた計算量に相当する．

4.4.6 RSA Factoring Challenge[9]

RSAに関しては，RSA社自身がRSA Factoring Challengeという，素因数分解に関するコンテストを開いている．素因数分解の対象の数としては2種類の候補RSA ListとPartition Listがあり，概要は以下のとおりである．
- RSA List ： 1994年5月14日より公開．100桁から10桁刻みで500桁まで．
- Partition List ： 1993年11月24日より公開．分割数（自然数を1以上の自然数の和として，何通りに表せるかを示す数．例えば，5の分割数は7）を対象とし，8681の分割数（100桁）から，24443の分割数（169桁）までが対象となっている．

RSA Listについては，1999年8月22日にRSA-155（512ビット）が素因数分解された．使用したアルゴリズムはGNFS（General Number Field Sieve：一般数体ふるい法）である．これにより，鍵長512ビットのRSA暗号は解読可能な射程に入ったことになる．分解に要した計算量について，1つ前の記録RSA-140に関する結果と合わせて表4.24に示す．

表4.24 RSA-155，RSA-140の素因数分解に要した計算量

対象	分解のフェーズ	使用した計算機とリソース	計算に要した時間	
RSA-155 (512ビット)	ふるい (sieve)	SGIおよびSun WS 計160台 175〜400MHz PC 120台(Pentium II)．300〜450MHz	3.7ヶ月	計5.2ヶ月 3/17〜8/22
	行列計算	Cray C916 行列のサイズ： 6,699,191×6,711,336 （使用したメモリ：3.2GBytes）	224 CPU時間	
RSA-140	ふるい (sieve)	SGIおよびSun WS 計125台 平均175MHz PC 60台．平均300MHz	約1ヶ月	計9週間
	行列計算	Cray C916 行列のサイズ：4,671,181×4,704,451 （使用したメモリ：810MBytes）	100 CPU時間	

* いずれも，Paul Leyland, Arjen K. Lenstra, Peter Montgomeryを中心とする研究グループによって分解された．
* RSA-155解読に要した期間は，準備（ふるいのための多項式の選択）も含めると，7.4ヶ月となる．この約2ヶ月の準備が効を奏し，ふるいのフェーズは当初見積もりより13.5倍速く終わったという．RSA-150は未解読．

詳細はRSA社のWebページ http://www.rsa.com/rsalab/html/factoring.html で公表されている．

4.4.7 ECC Challenge[10]

楕円曲線暗号に関しては，カナダのCerticom社主催でECC Challengeというコンテストが行われている．楕円曲線上の離散対数問題を解くコンテストであり，対象となる問題のサイズ（公開鍵，楕円曲線のドメインパラメータなど）としては，Exercise, Level I, Level II の3段階について，$GF(p)$, $GF(2^n)$ の両方のパラメータが与えられている．これには$GF(p)$, $GF(2^n)$ どちらかの体について安全上差異があるかどうかの検証も含まれている．2000年4月17日，$GF(2^n)$ 109ビットが解かれた時点での状況は表4.25のとおりである．

表4.25 ECC Challengeの状況（○：解決，×：未解決，を表す）

体の種類	パラメータのサイズ（ビット長）								
	Exercise			Level I		Level II			
	79	89	97	109	131	163	191	239	359
$GF(2^n)$	○	○	○	○	×	×	×	×	×
$GF(p)$	○	○	○	×	×	×	×	×	×

このうち，ECC2K-108（$GF(2^n)$ でビット長が109）は，Parallel Pollard ρ methodを約9500台のPC・WSで実行し，約4ヶ月かけて解かれた．計算量的には，RSA 512ビットの50倍に相当する．$GF(p)$ 109ビットは未解決である．Level II に至っては，まだ一つも解決していない．

詳細はCerticom社のWebページ http://www.certicom.com/chal/ で公表されている．

前記の暗号強度に関する比較表4.23によると，IF型512ビットとEC型128ビットが同等の強度となるが，RSAは512ビットが解かれたのに対し，楕円曲線暗号の方は109ビットも完全解決ではない．これは，楕円曲線暗号の解読に関するアルゴリズムの具体的方式が，まだ改善すべき余地がかなり残っていることを示す．

4.5 鍵管理方式

4.5.1 鍵のライフサイクル

どの暗号アルゴリズムを採用するかということも大切であるが，暗号システムを実際に構築し，運用しようとすれば，（1）鍵の管理方法や（2）暗号化をどの区間で行うか，など他にもいろいろなことを決めていかなければならない．本節で鍵の管理方法を，次節で暗号化を行う区間ごとの実現方式について説明する．

暗号を利用するにあたり，まず，鍵を生成し，配布（共通鍵の場合）・登録（公開鍵の場合）を行う必要がある．また，同じ鍵を使い続けるのは明らかに危険なので（暗号文のサンプルが増えることとなり，既知平文攻撃の標的となってしまう），鍵はどこかの時点で廃棄し，再生成する必要がある．この，生成から廃棄に至るまでの流れを，**鍵のライフサイクル**と呼ぶ．

鍵の配布については，**鍵配送・鍵共有**と呼ばれる手順がある．特に公開鍵暗号においては，大前提として公開されている鍵の妥当性が保証されていなければならない．そのための手段として，**認証局**（CA：Certification Authority）による認証手順がある．この手順には，逆に無効になった鍵を無効であると通知する手順（CRL：Certificate Revocation Lists）も含まれる．

鍵を紛失してしまった場合，なんらかの手段により鍵を回復する必要がある（**鍵回復**）．公開鍵暗号の場合，計算量的に不可能なためオリジナルの鍵自体を第三者に預ける必要があるが，これは秘密の漏洩に繋がる．よって，鍵情報を分割し複数の場所に分けて保存する秘密分散という手法が考案されている（これについては本書では触れない）．これら暗号の運用に伴って必要となる鍵の取り扱いを，**鍵管理**と呼ぶ．

以下，鍵の配送方式としてのDiffie-Hellman鍵配送・共有，認証局による認証手順について説明する．

4.5.2 Diffie-Hellman鍵配送・共有

共通鍵暗号において問題となった二者間での鍵（秘密情報）の共有は，図4.19のような手順で解決することができる．

(1) A, B間でp（素数），gを共有情報とする．この情報は公開してもよい．

4.5 鍵管理方式

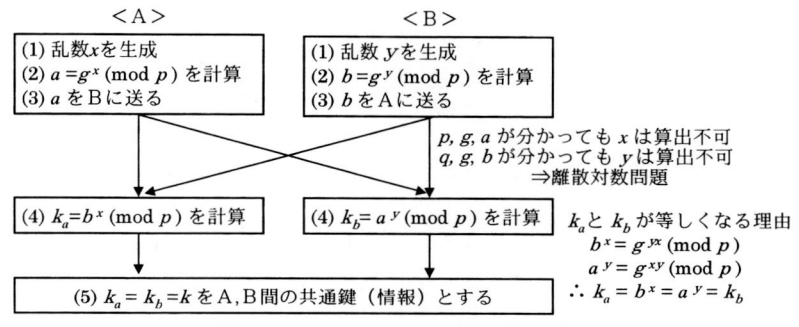

```
     <A>                          <B>
(1) 乱数xを生成              (1) 乱数yを生成
(2) a=g^x (mod p) を計算      (2) b=g^y (mod p) を計算
(3) a をBに送る              (3) b をAに送る
                                    p, g, a が分かっても x は算出不可
                                    q, g, b が分かっても y は算出不可
                                    ⇒離散対数問題

(4) k_a=b^x (mod p) を計算   (4) k_b=a^y (mod p) を計算    k_a と k_b が等しくなる理由
                                                              b^x = g^yx (mod p)
                                                              a^y = g^xy (mod p)
(5) k_a = k_b = k をA,B間の共通鍵（情報）とする           ∴ k_a = b^x = a^y = k_b
```

図4.19 Diffie-Hellman 鍵配送・共有

（2） A, Bは個別に乱数 x, y を生成する．
　　この値を利用して，上記の計算式により a, b を計算し，お互いに交換する．

（3） a, b から上記の計算式により，k_a，k_b を計算すると，これらの値は等しくなり，A, B間で鍵を共有できたことになる．

この値は，第三者には計算できない（離散対数問題）．

この離散対数問題に基づいた鍵共有の方法を，Diffie-Hellman 鍵配送・共有と呼ぶ．

4.5.3　認証局利用方式

公開鍵暗号・デジタル署名（後述）が正しく運用されるためには，「公開鍵の妥当性」が保証されている必要がある．この保証手段としては，公的な認定機関が発行した証明書が用いられる．この代表的な手順として，ISO/IEC 9594-8として規格化されている認証局利用方式がある（図4.20参照）．

以下，CAの公開鍵は，AもBも知っているものとする．

＜準備＞

［1］　Aは，秘密鍵(SA)と公開鍵(PA)の組を生成する．
［2］　Aは，PAと身元証明をCAに送る．
［3］　CAは身元チェックを行う．
［4］　CAはAに，証明書MAをCAの秘密鍵による署名を付けて送る．

```
                    [3] 身元チェック
                        ┌──────┐
                        │  CA  │
                        │ 認証局 │
                        └──────┘
     [2] PAと身元証明    ↑ ↓ [4] signCA(MA)
         を送付              MAの中身は,
     [1]鍵 (SA, PA)          PA, A, ...
         生成        ┌──────┐
                     │  A   │  ↑ 準備
                     │クライアント│ ─────────
     [8]K=D_SA(b)   └──────┘  ↓ A,B間の
                     ↑ ↓          やりとり
                     ↑ ↓ [5] MA,
     [7] b=E_PA(K)      signCA(MA)
                     ┌──────┐
                     │  B   │
                     │クライアント│
                     └──────┘
     [6] MA⇒PA     ← Bが発行した鍵
         共通鍵 K を生成する   K を A, B 間
                              で共有できた
```

図 4.20　認証局利用方式

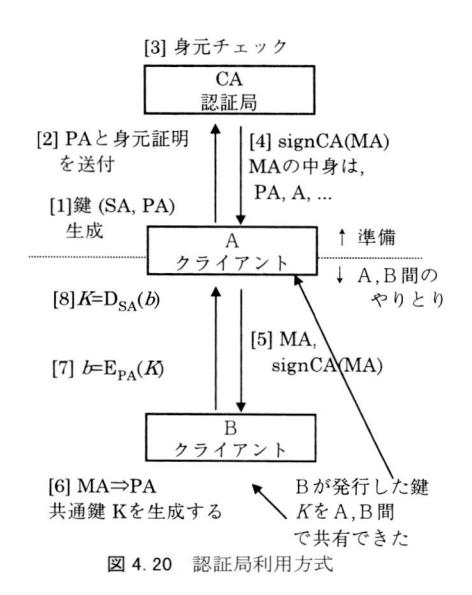

MAの中身は，PA，Aの識別子などを含む．
（注：ここまでの処理全てをネットワーク上で行うとは限らない．例えば，フロッピーディスクなどに格納し，郵送で行うこともある.）

＜A，B間での共有＞
[5]　AはBに，MAとMAの署名を送る．
[6]　BはMAからPAを取り出す．A用の共通鍵 K を生成する．
[7]　BはAに，K をPAで暗号化したものを送る（$E_{PA}(K)$）．
[8]　Aは，$E_{PA}(K)$ を復号化して K を取り出す．
　　このKを，A, B間の共通鍵として使用する．

この方式では，CA自身の公開鍵をだれが保証するか，という問題がある．現在の枠組みでは，CA組織の階層構成で，上位の組織が下位の組織の公開鍵の保証書を発行し，最上位は，社会的に認められている組織（例えば，政府，有名企業など）が運営する，という方式が考えられている．例えば，Netscapeにおける公開鍵の証明書の発行は，Verisign社がその最上位の認証機関となっている．

4.6 ネットワークにおける暗号化の区間

インターネット上にデータを暗号化して送るのに，どこと，どこの間で暗号化するかについては以下のようにいくつかの方法があり，それぞれ長所欠点がある（図4.21，表4.26参照）．

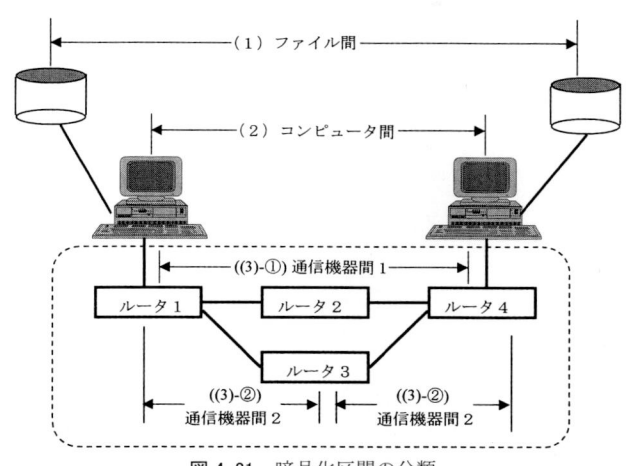

図4.21 暗号化区間の分類

（1） **ファイル間の暗号化**：一番簡単なのは，暗号化したファイルをそのまま送信する方式である．元々のデータが暗号文になっているので，インターネット側では暗号を一切意識する必要がない．一方，ファイル内のデータを取り出し，暗号化し，ファイルの中に入れた上で，また取り出して送るということが必要になるので，処理がやや重くなる．

もう一つの方式がインターネットの通信機能と暗号化の機能を組み合わせる方式である．この方式は，さらにいろいろな方式に分類することができる．

（2） **コンピュータ間の暗号化**：通信路へデータを送り出す直前にコンピュータの中で暗号化を行い，受け取ったコンピュータの中で復号を行う方法である．この方法は，送り元のコンピュータと最終送り先のコンピュータの間で暗号化が行われるので，「エンド・ツー・エンド」の暗号化といわれる．

暗号化の機能はアプリケーションプログラムに組み込まれることが多い．例えば，電子決済用の規約であるSET(Secure Electronic Transaction)対応の

表 4.26 区間ごとの暗号化と特徴

暗号化の区間	長所	欠点	対応する OSI の層	代表的方法
(1) ファイル間	インターネット側で暗号化を意識する必要がない	ファイルとのやり取りで処理がやや重くなる	――――（ファイルの暗号化）	各種ファイル暗号化方式
(2) コンピュータ間（パソコン，サーバなど）（エンド・ツー・エンド型暗号）	エンド・ツー・エンドの全ての区間で暗号化が可能	全ての応用ソフトに暗号化の機能必要	アプリケーション層（第7層）	SET, PEM, S/MIME など
		全ての応用ソフトの改造が必要	セッション層（第5層）	SSL, TLS など
(3) 通信機器間 ①コンピュータの直接接続された通信機器間（ルータなど）	通信路を通る全てのデータの暗号化が可能	コンピュータと通信機器間は暗号化できない	ネットワーク層（第3層）	IPsec PPTP L2TP
(3) 通信機器間 ②隣接する通信機器間（モデムなど）（リンク・バイ・リンク型暗号）		上記＋中間の通信機器内で平文に戻る	データリンク層（第2層）	モデム間の暗号化方式など

プログラムや，電子メール用の規約であるPEM (Privacy Enhanced Mail) や，S/MIME(security services for MIME)対応のプログラムの中で暗号化が行われる．これらは国際標準機構で規定されたOSI(Open Systems Interconnection) の7階層モデルでアプリケーション層（第7層）の暗号化と呼ばれているものである．また，コンピュータ内の通信処理用のミドルソフトによって暗号化が行われる場合もある．Netscape社によって開発されたSSL (Secure Socket Layer) やその延長であるTLS (Transport Layer Security) に対応するプログラムなどがこれにあたる．これらはセッション層（第5層）の暗号化といわれるものである．

「エンド・ツー・エンド型暗号」は暗号化を要求する側（アプリケーションソフトなど）自身がデータを暗号化し，得られた暗号文を通信機器に投げる．したがって，暗号化をサポートしていない従来のアプリケーションソフトをそのまま使用することは通常できないという問題がある．どうしても「エンド・ツー・エンド型暗号」を実現したい場合は，対応するソフトウェアを改変しなければならない．

しかし,「エンド・ツー・エンド型暗号」をいったん実現することができれば,暗号によって保護される区間はアプリケーション間という文字通りの「エンド・ツー・エンド」であり,途中での秘密漏洩の可能性は小さく抑えられるという長所がある.

(3) **通信機器間の暗号化**：ファイアウォールとファイアウォール間や,ルータとルータ間,モデムとモデム間など通信を行う機器の間で暗号化と復号が行われる.通信業者や,ネットワークの管理責任者などによって提供される機能である.ルータ内の機能に対応するハードウェアやソフトウェアによって暗号化が行われる.

これらの暗号化と復号は,① コンピュータに直接つながった通信機器間で行われる場合と,② 直接隣接する機器間で行われる場合がある.いずれの場合も暗号化を要求する側（コンピュータ内のアプリケーションソフトなど）は,通信文を通信機器（例えば,モデム）の方に投げるだけでよい.元々暗号化するように設計されていない従来のアプリケーションソフトを改変することなく,通信路上を暗号化したデータを送ることができるという特長がある.

① の方式にはIPsec (Secure Architecture for the Internet Protocol)や,PPTP (Point-to-Point Transfer Protocol)とその発展形であるL2TP (Layer Two Tunneling Protocol)などがあり,ネットワーク層（第3層）における暗号方式である.通信機器とコンピュータ間が暗号化されないので,セキュリティが弱くなるという問題がある.

② は「リンク・バイ・リンク」の暗号化方式と呼ばれるものである.モデム間の暗号化方式などがあり,データリンク層（第2層）での暗号化と呼ばれる.PPTPやL2TPなどもこの間での利用が可能である.この方式は ① の問題に加え,途中の通信機器の中で復号され,一度平文になった後,また暗号化されるので,セキュリティ上の問題が生じる可能性がある.

4.7 最近の動向

4.7.1 AES[11]

DES Challengeにより実際に56ビットDES暗号が解かれており,また,Triple DESも根本的解決にはなっていないため,真に安全なDESの後継暗号が求められ

ている．そのため，NIST（National Institute of Standards and Technology：米国商務省の下位組織）の主催により進められているのが AES（Advanced Encryption Standard）である．これにより決定されたアルゴリズムはFIPS（Federal Information Processing Standard：米国政府の情報処理システム調達基準）に登録される．AESの要求仕様は以下のとおりである．

- 共通鍵ブロック暗号
- ブロック長：128ビット
- 鍵長：128，192，512ビットが使用できること
- ロイヤリティ・フリーで使用できること

1998年6月15日にアルゴリズム募集が締め切られ，15候補が集まった．これらに対し，安全性（解読の困難性），コスト（処理速度，実装に必要なメモリなど），アルゴリズムの特徴，などの観点から評価が行われ（技術的評価第1ラウンド），1999年8月9日，MARS, RC6, RIJNDAEL, SERPENT, TWOFISHの5候補が決定された．これらの5候補に対して，1999年8月～2000年8月に技術的評価第2ラウンドが行われ，第3回AES候補コンファレンスにて，1候補に決定される予定である．（注：2000年10月，RIJNDAELに決定した．）

4.7.2 その他の次世代暗号

共通鍵暗号については，前にも述べてようにストリーム暗号が見直されて研究が盛んになってきている．公開鍵暗号については，次世代暗号として，超楕円曲線暗号などの研究が進められている．

また，量子効果を利用して構成した暗号方式である量子暗号の研究も行われている．これには，不確定性原理（運動量と位置を同時に測定することはできない）を利用し，不正アクセスがあったら，状態が変更されてしまうという性格により第三者の不正アクセスを原理的に不可能にする方法などがある．

参 考 文 献

1) 岡本龍明，山本博資：『現代暗号』，産業図書（1997）．
2) 佐々木良一，宝木和夫，櫻庭健年，寺田真敏，浜田成泰：『インターネットセキュリティ　基礎と対策技術』，オーム社（1996）．
3) 岡本龍明，太田和夫：『暗号・ゼロ知識証明・数論』，共立出版（1995）．

4) 辻井重男：『暗号　ポストモダンの情報セキュリティ』, 講談社選書メチエ (1996).
5) 宇根正志, 太田和夫：『共通鍵暗号を取り巻く現状と課題—DESからAESへ—』, 日本銀行金融研究所 (1998).
6) 宇根正志, 岡本龍明：『公開鍵暗号の理論研究における最近の動向』, 日本銀行金融研究所 (1998).
7) 今井秀樹, 松浦幹太：『情報セキュリティ概論』, 昭晃堂 (1999).
8) *Standard Specifications for Public Key Cryptography*, IEEE P1363/D11(1999).
9) RSA Factoring Challenge, DES Challenge, http://www.rsasecurity.com/rsalabs/challenges/
10) ECC Challenge, http://www.certicom.com/research.html
11) Advanced Encryption Standard (AES) Development Effort, http://csrc.nist.gov/encryption/aes/
12) R.C. Merkle and M. Hellman : On the Security of Multiple Encryption, *Communications of the ACM*, Vol.24, No.7(1981).
13) Mitsuru Matsui : Linear Cryptanalysis Method for DES Cipher, Advances in Cryptography — Eurocrypt '93, Lecture Notes in *Computer Science*, Springer-Verlag(1994).
14) 山口　英, 鈴木裕信　編：『bit 別冊　情報セキュリティ』, 共立出版 (2000).
15) Eli Biham : *Differential Cryptanalysis of the Date Encryption Standard*, Springer-Verlag (1993).
16) 中山靖司, 太田和夫, 松本　勉：『電子マネーを構成する情報セキュリティ技術と安全性評価』, 金融研究1999年4月, 第18巻第2号, 日本銀行金融研究所 (1999).

第5章
デジタル署名技術

5.1 デジタル署名の概要

5.1.1 デジタル署名とは何か

日常生活，あるいは実社会において，自分が作成した書面（例えば，領収書など）に対して，（1）この文書を書いたのは私である，（2）この文書の内容は変更されていない，ということを証明しなければならない場合がある．

このようなとき，通常は，（1）文書を，ボールペンなど，書換えができないもので書いて，（2）印鑑を押す，あるいは，署名する，ということが行われる．この印鑑・署名によって正しさが証明できる理由は，（1）本物が1つしかない（その印鑑は本人だけが持っている．その署名は本人だけが書ける），（2）複製できない．複製したことが容易に検出できる，という点にある．

デジタルの世界で同じことをやろうとした場合，電子データはオリジナルとまったく同じコピーを作ることが可能なので，印影・署名が容易にコピーされてしまう．したがって，普通に印影データを付加したり名前のテキストデータを付加するだけでは，容易に偽造されてしまうという問題点がある．

オリジナルとまったく同じコピーを作ることが可能な世界で，いかにして，本人にしか生成できない印影・署名に相当する情報を付加するか，という観点で考え出されたのが，**デジタル署名**（Digital Signature）である．日本では電子捺印とか電子印鑑などと呼ぶ場合もある．第1章で述べた取引相手からの脅威である証拠性の喪失に対する対策となるものである．

5.1.2 デジタル署名の実現方法

まず，以下のようなことが実現できなければならない．
（1） 署名者Aだけが署名できる，A以外は署名できない
（2） だれもが，Aの署名であることを確認することができる

これは，公開鍵暗号の基本原理，
 (1) Aだけができる：Aだけが持っているAの秘密鍵による処理
 (2) だれもができる：みんなが持っているAの公開鍵による処理
を利用すれば実現できる．具体的には，図5.1，表5.1に示すような手順で実施する．

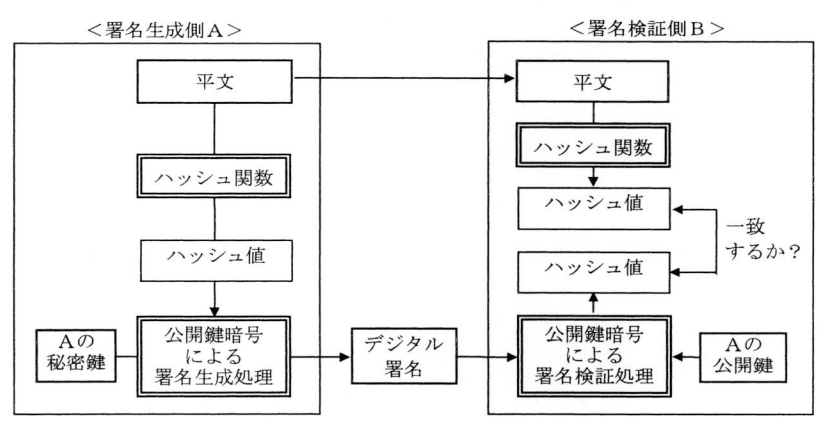

図5.1 デジタル署名 生成・検証手順

表5.1 デジタル署名 生成・検証手順

署名生成手順	(1) 署名者Aは，ハッシュ関数（5.3節）により，平文のハッシュ値（平文のダイジェスト）をとる．このハッシュ関数は，A，Bで共有する (2) ハッシュ値を入力とし，Aの秘密鍵で，署名生成処理(例えば，RSA暗号の場合は復号化処理を行う) (3) その結果の値をデジタル署名として，Bに送る．元の平文も送る
署名検証手順	(1) 受け取ったデジタル署名を，Aの公開鍵で署名検証処理(RSA暗号の場合は暗号化処理)を行う 　　平文のハッシュ値が復元される (2) 受け取った平文から，同じハッシュ関数を使ってハッシュ値をとる (3) (1)，(2)で作ったハッシュ値を比較する．同じであれば，OK

この手順で本当にうまくいくかどうか確認してみる．

（1） 本人だけが署名できるようになっているか？

手順（2）の「秘密鍵による署名生成」は，秘密鍵を知っているAにしか実行できない．したがって，Aだけが署名できる，ということが保証される．

（2） なぜ，ハッシュ値をとるのか？

まず，公開鍵暗号の速度の問題により，平文そのものを入力データとして署名生成を行った場合，ひじょうに時間がかかる．データサイズも平文と同じ大きさとなってしまう．しかし，署名は平文の情報を反映しさえすればよいので，平文と同じ大きさにする必然性はない．よって，通常は平文そのものではなく，平文のハッシュ値（平文のダイジェスト．平文よりもデータサイズが小さい．通常，160ビット程度）を使用する．

（3） だれでも検証できるようになっているか？

検証手順において，署名を生成した者の公開鍵は公開されているので，だれでも検証することができる．

以上により，

（1） 本人しか署名できない

（2） 他人には偽造できない

という要件を満たしていることが分かった．

5.2 デジタル署名アルゴリズム

5.2.1 デジタル署名アルゴリズムの分類

デジタル署名には，(1) 暗号・署名兼用アルゴリズム，(2) 署名専用アルゴリズムがある．(1)の暗号・署名兼用アルゴリズムとしては，RSA署名（署名生成として，RSA暗号の復号化処理，署名検証として，RSA暗号の暗号化処理を使う方法．復号化（署名生成）のためのデータは，平文Mのハッシュ値を用いる），RW署名（Rabin-William暗号と同じ方式），などがある．また，(2)の署名専用アルゴリズムとしては，表5.2のような方式がある．

具体的な署名アルゴリズムの例として，RSA署名（IF型），DSA（DL型），ECDSA（EC型）について説明する．

表 5.2 署名専用アルゴリズム

	署名アルゴリズム	改良アルゴリズム (安全性が理論的に証明されているもの)
IF 型	ESIGN 署名 Fiat-Shamir 署名	PSS 署名 (RSA 署名の改良型:能動的攻撃に対する存在的偽造不可能性 が証明されている) TDH-ESIGN 署名 (能動的攻撃に対する存在的偽造不可能性が証明されている)
DL 型	ElGamal 署名 DSA 署名 Schnorr 署名	改良 ElGamal 署名 (能動的攻撃に対する存在的偽造不可能性が証明されている. Schnorr 署名についても,同様の改良が可能)
EC 型	EC-ElGamal 署名 ECDSA 署名 EC Schnorr 署名	改良 EC-ElGamal 署名 (上記,改良 ElGamal 署名の EC 版)

5.2.2 RSA署名

RSA暗号の手順をそのままデジタル署名に適用する方法である.
- 署名生成:平文のハッシュ値に対し,秘密鍵を使用してRSA暗号における復号化処理を行う.復号結果をデジタル署名とする.
- 署名検証:送付されたデジタル署名を,署名者の公開鍵を使用してRSA暗号における暗号化処理を行う.暗号化結果と送付された平文Mを比較し,一致すればOK.

という手順で行う.この方法でうまくいく理由は,RSA暗号が持つ以下のような性質,
- 暗号化処理と復号化処理が互いに逆演算となる:$D(E(M)) = E(D(M))$
 ($E(\ )$:暗号化処理,$D(\ )$:復号化処理)

により,妥当であることが分かる.また,RSA暗号の手順と比較すると,
- 暗号の場合は,平文データを暗号化する.署名の場合,平文のハッシュ値を用いる.
- 暗号と署名では,暗号化・復号化の適用順序が異なる.

という相違がある.署名生成・署名検証手順を表5.3に示す.

鍵長は暗号と同じく,512,768,1024,2048ビットなどが使用される.

表5.3 RSA署名

鍵	鍵生成	p, q：大きな素数 $n = pq$ $\lambda = LCM(p-1, q-1)$：最小公倍数 e：λと互いに素となる数 $d = e^{-1} \pmod{\lambda}$
	公開鍵	公開鍵：e, n 公開情報：ハッシュ関数 $h(\ )$
	秘密鍵	秘密鍵：d p, qも秘密にする
手順	署名生成	(1) 平文mのハッシュ値に対し，秘密鍵dを用いて， $\qquad c = h(m)^d \pmod{n}$ を計算し，cを署名とする (2) 平文mと，署名cを相手に送る
	署名検証	(1) 署名cに対し，公開鍵eを用いて， $\qquad h(m) = c^e \pmod{n}$ を計算する (2) 平文mのハッシュ値 $h(m)$を計算する (3) (1)と(2)の値が一致すればOK
根拠	署名検証できる理由	$c^e = h(m)^{de} = h(m)^{K\lambda+1}$ $h(m)^{K\lambda} = 1 \pmod{n}$ だから $c^e = h(m)$ となる
	署名を偽造できない理由	dが必要 $\Leftrightarrow$ λが必要 $\qquad\qquad\quad \Leftrightarrow$ nを素因数分解する必要あり $\qquad\qquad\quad \Leftrightarrow$ 大きな数の素因数分解は困難

5.2.3 DSA(Digital Signature Algorithm)

ElGamal署名(ElGamal暗号をデジタル署名に応用したもの)を基本とした署名方式で，ElGamal署名よりも処理時間が短くなるように，パラメータの取り方が工夫されている(表5.4参照). ISO/IEC FDIS 14888-3, FIPS 186-1, ANSI X9.30などとして規格化されている．署名生成，署名検証の手順を表5.4に示す．

鍵長は，512, 768, 1024, 2048ビットなどが使用される．

表5.4 DSA手順

鍵	鍵生成	p, q：素数（ただし，qは$p-1$の約数） g：$g^q = 1 \pmod{p}$ となるような整数 x：乱数（秘密鍵）から，公開鍵yを $$y = g^x \bmod p$$ により生成する 補足：pは素数なので，$1 \leq a \leq p-1$の任意の整数aに対し， $$a^{p-1} = 1 \pmod{p}$$ が成り立つ（フェルマーの小定理）．よって，aにgを代入すると， $$g^{p-1} = 1 \pmod{p}$$ となるが，今，qの値を$p-1$を割り切るように決めているので（$p-1$よりも小さいので），ベキ乗計算の回数が減る．すなわち，処理が速くなる
	公開鍵	公開鍵：y 公開情報：q, ハッシュ関数 $h(\ )$
	秘密鍵	秘密鍵：x（乱数）
手順	署名生成	(1) 乱数kを選ぶ (2) 送信側の秘密鍵により，以下のr, sを計算 $$r = (g^k \bmod p) \bmod q$$ $$s = k^{-1}(h(m) + xr) \bmod q$$ (3) 平文mと，署名(r, s)を相手に送る
	署名検証	(1) $t = s^{-1} \pmod{p}$ とおく (2) $(g^{h(m)t} y^{rt} \bmod p) \bmod q$ を計算する (3) この値が，rと等しければOK
根拠	署名検証できる理由	$(g^{h(m)t} y^{rt} \bmod p) \bmod q$ $= (g^{h(m)t} g^{xrt} \bmod p) \bmod q$ $= (g^{(h(m) + xr)t} \bmod p) \bmod q$ $= (g^k \bmod p) \bmod q$ $= r$
	署名を偽造できない理由	k, xは乱数なので，sから情報を復元することはできない $$r = (g^k \bmod p) \bmod q$$ からkの値を算出するのは，離散対数問題なので困難

5.2.4 ECDSA

DSAの楕円曲線版であり，ANSI X9.62として標準化されている．署名生成，署名検証の手順を表5.5に示す．

鍵長としては，112，128，160，192，224，256ビットなどが使用される．

表5.5 ECDSA手順（素体の場合）

鍵	鍵生成	p：素数（体の位数） E：楕円曲線 $y^2=x^3+ax+b$ d：乱数 P：楕円曲線上のベースポイント Q=dP を計算 q：Pの位数（素数とする）
	公開鍵	公開鍵：Q 公開情報：p, a, b, P, q (a, b：ドメイン・パラメータ)
	秘密鍵	秘密鍵：d
手順	署名生成	(1) 乱数kを生成する (2) $(x, y)=k$Pを計算する (3) $r=x \pmod q$ を計算する (4) ハッシュ値$h(m)$を計算する (5) $s=k^{-1}(dr+h(m)) \pmod q$ を計算する (r, s)を署名とする
	署名検証	(1) $s^{-1}r$Q$+s^{-1}h(m)$P 　　=kP=(x, y)により，xの値を復元する (2) 受け取ったrと$x \pmod q$の値を比較 　　等しければ，認証OK
根拠	署名検証できる理由	$s^{-1}r$Q$+s^{-1}h(m)$P 　=$s^{-1}rd$P$+s^{-1}h(m)$P 　=$s^{-1}(dr+h(m))$P 　=$s^{-1} \cdot sk$P 　=kP
	署名を偽造できない理由	$r=x \pmod q$からxを算出することは可能だが，$(x, y)=k$Pから，kを算出することは困難 （楕円曲線上の離散対数問題） また，$s=k^{-1}(dr+h(m)) \pmod q$ からは，kが分からないのでdを算出できない （楕円曲線上の離散対数問題）

5.2.5 署名応用技術

デジタル署名の応用技術として，ここでは，（1）ブラインド署名，（2）Signcryptionを紹介する．

（1） ブラインド署名

署名依頼者が，署名者にデータの中身を知られることなく，署名を受ける方法である．

例．電子投票

選挙（電子投票）において，
- 投票者Aが，投票用紙に記名し，投票用紙とカーボン紙を封筒に入れる．
- 選挙管理委員Bは，封筒の上から署名する．
  中の投票用紙にも署名が写る（ただし，Bは中身を知ることができない）．
- 開封したときBの署名があり，有効な投票用紙であることが分かる．

具体的な方法としては，
- RSA暗号を利用する方法（Chaum[1983]）[9]
- ElGamal署名を利用する方法（Camenisch et al.[1996]）[10]

などがある．

（2） Signcryption

公開鍵による署名と暗号化を行う場合，それらを順番にやると，両者の処理時間が単純に足し合わされる（この方式を Signature-then-encryption と呼ぶ）．

これに対し，署名と暗号化を同時に行うことによりデータ量・処理時間の削減を図る方式（署名封印・開封検証を，それぞれ一処理で行うようなイメージ）をsigncryptionと呼ぶ．1997年 Y.Zhengにより ElGamal型署名をベースとしたアルゴリズムが発表され，現在，IEEE P1363（公開鍵暗号・署名に関する規格）に対する追加仕様（Addendum to the Standard）として提案されている[8]．

5.3 ハッシュ関数

5.3.1 ハッシュ関数の必要性

デジタル署名を生成する場合，「署名対象となっている文書の情報」が必要となる．この情報として「その文書自体（平文）」を使用すると，以下の問題

点がある．
- （ハッシュを使わない）RSA署名では，署名の偽造が可能．
- 署名データのサイズが大き過ぎる（署名対象データと同じサイズになってしまう）

これらの理由から，対象となっている文書に依存する情報として，元の文書よりもサイズの小さいダイジェスト情報が利用される．このダイジェスト情報を取得するための機能を**ハッシュ関数**と呼ぶ．

5.3.2 ハッシュ関数に要求される機能

（1） 一方向性（one-way property）

ハッシュ値から元の値を求めることが困難であること．

これが容易にできる場合，元の文書を復元できることとなり，署名が偽造されてしまう．

（2） 衝突回避性（collision free property）
- 元の文書が1ビット違うだけでも，まったく異なるハッシュ値が生成される．
- 同じハッシュ値となるような，異なる2つの元の値を見つけるのが困難．

これらの性質を持たない場合，やはり署名の偽造が可能となる．

5.3.3 ハッシュ関数の実現方法

ハッシュ関数の実現方法としては，
（1） ブロック暗号を利用する方法
（2） ハッシュ専用の関数を利用する方法

がある．

（1） ブロック暗号を利用する方法

ブロック暗号を利用する方法としては，Matyas-Meyer-Oseas方式[5]がある．手順は以下のとおりである．
（a） ハッシュ化する文書をブロックに分ける．
（b） 最初のブロックを，ある初期値を鍵として暗号化する．
（c） 2つ目以降のブロックは，直前に暗号化されたブロックを鍵として暗号化する．

最終出力のブロックをハッシュ値とする．

（2）ハッシュ専用の関数を利用する方法
ハッシュ専用の関数として，代表的なものは表 5.6 に示すとおりである．

表 5.6 代表的なハッシュ関数

関数名	ビット長	安全性	標準化動向
MD5	128	RSA 社 Rivest が開発 若干傷あり（衝突メッセージ発見） この他，MD4(RFC1320)，MD2(RFC1319) がある	IETF RFC1321
SHA-1	160	FIPS（米国政府規格）として採用 1994 年改訂後，破られず	ISO/IEC 10118-3 FIPS 180-1
RIPEMD-160	160	安全性の観点で，MD5 からの置き換え を目的として開発された 1995 年改訂後，破られず	ISO/IEC 10118-3

＊ 処理速度は，下に行くほど遅い．

いずれも，シフト，ビット演算，複数の関数による演算を繰り返し適用することによりデータを攪拌し，最終的に固定長のビット列を出力する．具体的なアルゴリズムは，文献11)，12)，13) やIETF，ISOなどのホームページから入手できる．

5.3.4 メッセージ認証子（MAC）
デジタル署名は公開鍵暗号を応用した，メッセージ改ざんの検出のための技術である．これに対し，共通鍵暗号を応用したメッセージ改ざんの検出のための技術として，鍵付きハッシュ関数を利用したメッセージ認証子（Message Authentication Code）によるメッセージ認証，という方法がある（図 5.2 参照）．鍵付きハッシュ関数は，普通のハッシュ関数に比べて，鍵を共有する者のみが，正当なハッシュ値を得ることができる，という特徴がある．デジタル署名と MAC によるメッセージ認証の比較は表 5.7 に示すとおりである．

表 5.7 デジタル署名・MACによるメッセージ認証の比較

	利用技術	検証者が必要とする情報
デジタル署名	公開鍵暗号	ハッシュ関数, 公開鍵
MACによるメッセージ認証	共通鍵暗号	鍵付きハッシュ関数, 秘密鍵

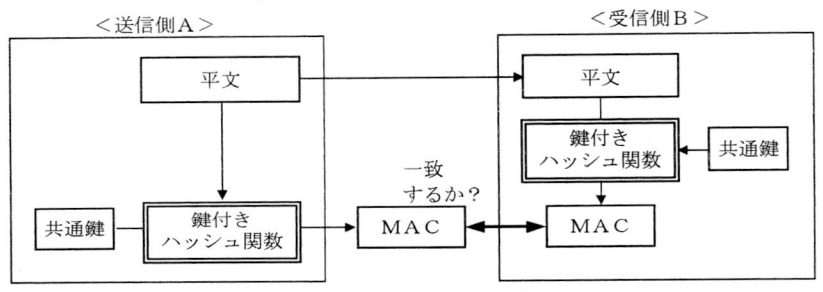

図 5.2 MACによるメッセージ認証

　MACによるメッセージ認証の具体的な方法としては，DESのCBCモードを用いてMACを生成する方法がある．手順は以下のとおりである．
　（1）　送信側は，受信側と共有する共通鍵を用いて平文をDESのCBCモードで暗号化し，最終ブロック64ビットをMACとして，相手に送信する．
　（2）　受信側は，共通鍵を用いて同じ手順でMACを生成し，送信側から受け取ったMACと内容が等しいことを確認する．
この手順では，DESを鍵付きハッシュ関数として使用している．
　MACによるメッセージ認証は，鍵を共有する者のみが検証を行うことができるため，公開鍵を保有する者ならだれでも検証できるデジタル署名に比べて，より，偽造・改ざんの可能性が低くなっているということがいえる．しかし，鍵の共有を大前提としているため，共通鍵暗号と同じく，なんらかの方法で第三者には秘密にして，鍵を共有しておく必要がある．

5.4　暗号・デジタル署名の応用例

　暗号とデジタル署名を組み合わせたデータのやりとりのパターンとして，ここではSET（Secure Electronic Transaction）のデータの交換プロトコルを紹

介する.

　SETとは，インターネット上のクレジットカード決済を目的として規定されたプロトコルで，MasterCard, Visa他，GTE, IBM, Microsoft, Netscape Communications, SAIC, Terisa Systems, VeriSignの共同で開発された．電子商取引における高い安全性（第三者に対する秘匿，本人証明，否認防止など）を考慮しているため，一般のデータを交換するときの標準的な手順としても参考になり得る．

　SETプロトコルにおいては，平文を暗号化したものの他に，合計4つのものを相手に送信する（表5.8参照）．

表 5.8 　SETで交換されるデータ

目的	手段		送るもの
情報（平文）を安全に送りたい	暗号化による秘匿	1	暗号文 （平文を共通鍵暗号により暗号化したもの）
		2	共通鍵 （暗号に使った鍵：毎回，乱数で生成する）
・自分が自分であること ・相手が相手であること を証明・確認したい	デジタル署名による本人証明	3	デジタル署名 （平文のハッシュ値を公開鍵で復号化したもの）
	認証局(CA)による公開鍵の正しさの証明	4	証明書 （本人の公開鍵に対して，認証局が発行したもの）

　これら4種類のデータの送信方法，受信した側の確認方法は，図5.3, 図5.4のとおりである．（図の中の番号は，表中の数字に対応している．）

＜送信側手順＞
（1）　平文に対するデジタル署名を生成する．
（2）　平文，平文に対するデジタル署名，送信側Aに対する証明書，の3つをまとめた文書を，共通鍵暗号方式により暗号化する．このための鍵は，毎回乱数で生成する．
（3）　暗号化に用いた共通鍵は，受信側Bの公開鍵により暗号化する．

　この暗号化された共通鍵を,封筒の中に鍵が入っているイメージに見立てて，digital envelope（電子封筒）と呼ぶことがある．
（4）　1．暗号文，2．共通鍵を暗号化したもの，を受信側Bに送る．

108 第5章 デジタル署名技術

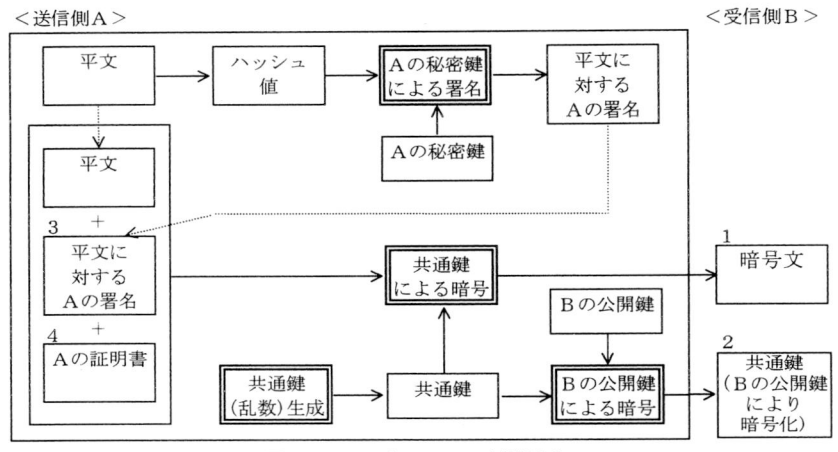

図5.3 SETプロトコル（送信側）

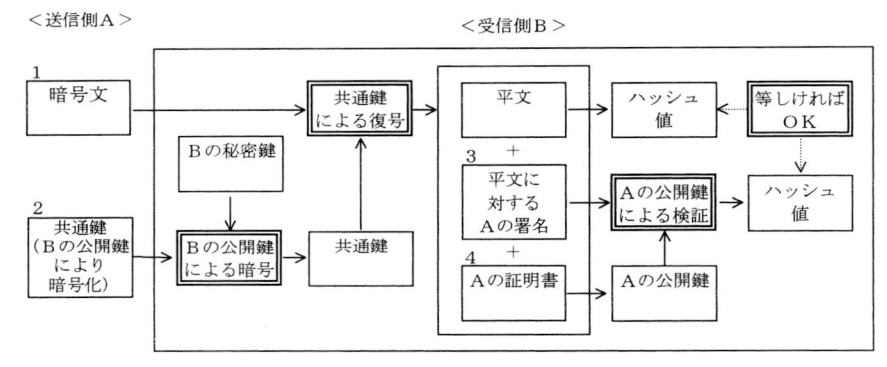

図5.4 SETプロトコル（受信側）

＜受信側手順＞

（5） 2．共通鍵を暗号化したもの，を自分の秘密鍵で復号し，共通鍵を取り出す．

（6） 取り出した共通鍵により，1．暗号文，を復号化する．

（7） 「Aの証明書」が添付されているため，Aの正当性が確認できる．また，Aの署名の検証を行い，内容が改ざんされていないことを確認する．

上記のプロトコルについて，詳しい説明は省略するが，以下の条件を満足し

ている.
(1) A, B間で平文が安全に伝わること
(2) A, B以外には平文が分からないこと
(3) だれも，A, Bになりすますことはできないこと

5.5 デジタル署名に対する攻撃方法

　デジタル署名は暗号技術の応用なので，暗号に対する攻撃方法が適用できる．特にデジタル署名は，平文と対の状態で使用されるものなので，潜在的に既知平文攻撃・選択平文攻撃が可能となるような状況におかれている，ということがいえる．

　また，デジタル署名の場合，暗号の場合とは事情が異なり，必ずしも元の平文を解読する必要はない．与えられた平文に対して何らかの手段を用いて，本人しか生成できないデジタル署名と同じものが生成することができれば，本人になりすますことができ，デジタル署名に対する攻撃として成立する．すなわち，「署名を偽造する」という攻撃方法も考えられる．

　偽造のタイプとしては，(1)一般的偽造（任意のデータに対して偽造が可能），(2)選択的偽造（攻撃者が選んだいくつかのデータに対して，デジタル署名が偽造できる），(3)存在的偽造（ある特定のデータに対して，デジタル署名が偽造できる）がある．

　特に，選択的偽造に関しては，表5.9のような攻撃法が存在する．

表5.9　選択的偽造を行うための攻撃方法

名称		方法
受動的攻撃		公開鍵だけを使って偽造を行う
能動的攻撃	一般選択文書攻撃	署名偽造者があらかじめ選んだ文書に対して署名してもらい，その情報を元に別の文書の偽造を行う
	適応的選択文書攻撃	署名偽造者が，恣意的に選んだ文書に対して毎回署名してもらい，その情報を元に別の文書の偽造を行う（例えば，毎回文書を1文字ずつ変えて，署名してもらうなど）

1999年4月,Gemplus社のCoron, Naccache,ベルギー・ルーベン大のSternにより,RSA署名に対する攻撃・偽造方法が発表された.これは,上の表の「一般選択文書攻撃」に相当するものである.RSA署名を規定しているISO/IEC 9796の委員会では,対応方法が検討され始めた.また,Europay, MasterCard, Visaの三社で作成したICカードに関する標準規格EMV'96でも,署名生成・検証方法として,このISO/IEC 9796が記されており,商業システムに対する影響も検討されている.

参考文献

1) 岡本龍明,山本博資:『現代暗号』,産業図書(1997).
2) 佐々木良一,宝木和夫,櫻庭健年,寺田真敏,浜田成泰:『インターネットセキュリティ 基礎と対策技術』,オーム社(1996).
3) 岡本龍明,太田和夫:『暗号・ゼロ知識証明・数論』,共立出版(1995).
4) 辻井重男:『暗号 ポストモダンの情報セキュリティ』,講談社選書メチエ(1996).
5) 宇根正志,太田和夫:『共通鍵暗号を取り巻く現状と課題— DESからAESへ —』,日本銀行金融研究所(1998).
6) 宇根正志,岡本龍明:『公開鍵暗号の理論研究における最近の動向』,日本銀行金融研究所(1998).
7) 今井秀樹,松浦幹太:『情報セキュリティ概論』,昭晃堂(1999).
8) *Standard Specifications for Public Key Cryptography*, IEEE P1363/D11(1999).
9) D. Chaum : Blind signatures for untraceable payments, *Advances in Cryptology-Proceedings of CRYPTO '82*, Plenum Press (1983).
10) J. Camenisch, U. Maurer, and M. Stadler : Digital payment systems with passive anonymity-revoking trustees, *Computer Security-Proceedings of ESORICS '86*, Springer-Verlag (1996).
11) RFC 1321, The MD5 Message-Digest Algorithm, R. Rivest, MIT Laboratory for Computer Science and RSA Date Security, Inc., April (1992).
    http//www.ietf.cnri.reston.va.us/home.html
12) H. Dobbertin, A. Bosselaers and B. Preneel : RIPEMD-160 : a strengthened version of RIPEMD, D. Gollmann, editor : Fast Software Encryption, *Third International Workshop*, Springer-Verlag (1996).
    http//www.east.kuleuven.ac.be/~bosselae/ripemd160.html
13) FIPS PUB 180-1, Secure Hash Standard, U.S. Department of Commerce/National Institute of Standards and Technology, National Technical Information Seervice, Springfield, Virginia, April 17 (1995).
    http//www.itl.nist.gov/div897/pubs/fip180-1.htm

第6章
コピーを防止する電子透かし技術

6.1 電子透かしとは

6.1.1 電子透かしの特徴と役割

マルチメディア処理技術やネットワーク技術の進歩に従い，映画や音楽などのコンテンツをデジタル化して流通することが重要な産業となってきた．デジタル化されたコンテンツは，従来のアナログ形式のコンテンツに比べて，加工，複製，流通が容易であるため，だれでもいつでもどこでもコンテンツを自由に楽しめる便利な社会が期待されている．ところが，デジタル化の負の側面として，コンテンツの不正なコピーや配布が容易であるため，以下の問題が生じている．

- コンテンツを制作，編集した者の著作権が侵害され，その利益が奪われる．
- そのため，権利者が優良なコンテンツを提供しなくなり，ビジネスが活性化しない．

そこで，コンテンツの不正コピーを防止し，著作権を保護する技術が重要になってきた．従来の著作権保護技術は，暗号および認証を用いたものが主である．暗号は，正当な対価を払った者にのみ鍵を配布し，コンテンツの鑑賞を可能にするという効果がある．認証は，コンテンツの送付先を確認することで，正当な対価を払った者にのみコンテンツを送付するという効果がある．しかし，これらの技術は，正当な対価を払った購入者がコンテンツを受け取り，暗号を解除した後，これを不正コピーすることは防止できない．

電子透かしは，人間には知覚できない微小な変更をコンテンツに加えることで，情報をコンテンツに埋め込む技術である（図6.1）．例えばコンテンツが画像の場合，画像の明るさや色に微小な変更を加えることで情報を埋め込む．また，この変更を読み取ることで情報を検出する．電子透かしを利用すれば，コピーの可否や回数制限などの情報をコンテンツに埋め込むことで，不正コピ

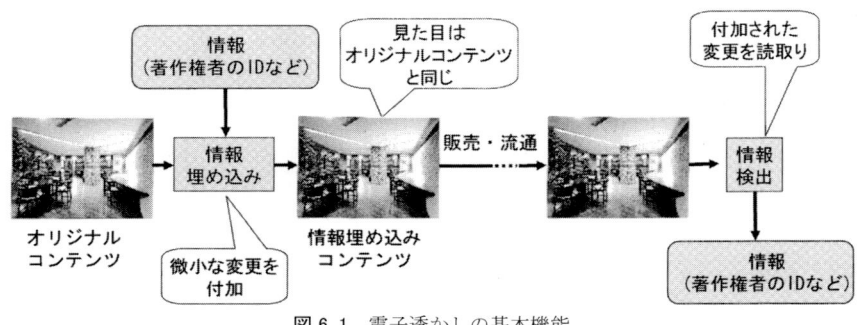

図 6.1 電子透かしの基本機能

ーを防止することができる．また，配布先名称を埋め込むことで不正コピーされたコンテンツから不正者を特定可能とし，間接的に不正コピーを抑止することもできる．このように電子透かしは，暗号や認証が対処できなかった購入後の不正に対処可能な技術である．すなわち，電子透かし技術は，第1章で述べた取引相手によるセキュリティへの脅威の一つである不正コピーに対する対策である．暗号，認証に電子透かしを組み合わせることで，強固な著作権保護が可能となる．

6.1.2 電子透かしの用途

図 6.2 に電子透かしの代表的な用途を示す．ここでは，著作権者Aが購入者Bにコンテンツを販売する場面を想定する．著作権者は，電子透かしを用いて，コンテンツに自分のID（識別情報）であるAおよび配布先のIDであるBを埋め込んだ後，これをBに送付する．Bがコンテンツの不正コピーおよび販売を行った場合，不正コピーされたコンテンツが流通することになる．Aが不正流通コンテンツを摘出できれば，電子透かしを用いて，埋め込んだ情報すなわちAとBを検出することができる．この検出情報から，Aは，自分のコンテンツが不正に流通しており，その流出元がBであると判断し，何らかの対策を講じることができる．

表 6.1 は電子透かしの用途をまとめたものである．表 6.1 の用途のうち項番1および3は上記のとおりであり，項番1では，著作権者のIDを埋め込むことでコンテンツに対する著作権の確認や主張を可能とし，項番3では，配布先のIDを埋め込むことで，不正コピーされたコンテンツから不正コピー者を特定可

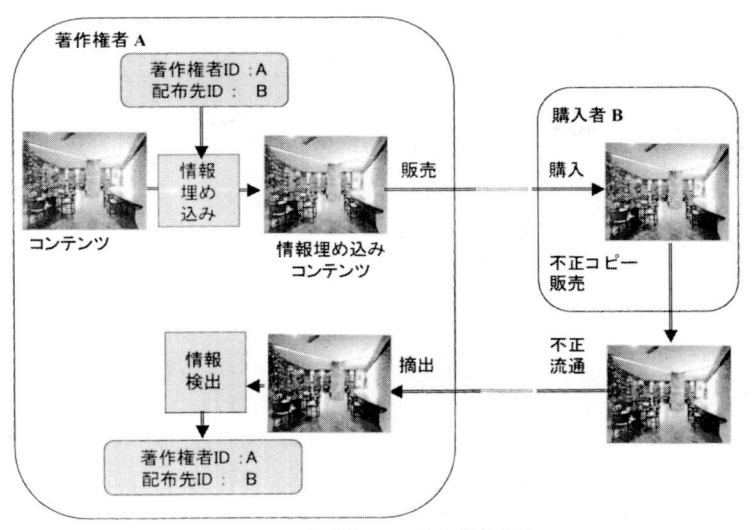

図 6.2 電子透かしの代表的な用途

表 6.1 電子透かしの用途

項番	用途	挿入情報	挿入情報の利用方法
1	著作権の主張	著作権者のID（識別子）	コンテンツに対する著作権の確認主張
2	著作権者の問合せ	著作権者のID	著作権者の問合せ
3	不正コピー者の特定	購入者のID	不正コピーされたコンテンツから不正者を特定
4	機器制御	レコーダやビューワなどへの制御コード	コピーやディスクセーブの可否をコンテンツごとに指定
5	改ざん検知	コンテンツの正当性チェック情報	証拠写真などの改ざんの検知

能にする．項番2は，コンテンツに著作権者のIDを埋め込んでおくことで，善良な第三者が出元不明のコンテンツを利用したい場合に，著作権者に問い合せ可能とするものである．項番4の機器制御では，例えば，「コピー不可」「1回だけコピー可能」などの種別情報をコンテンツに埋め込んでおき，レコーダに電子透かしの検出装置を装備しておくことで，コピーの可否判定や回数制御を

行う．項番5は，事故現場の証拠写真などの不正な改変（改ざん）を検知するもので，コンテンツが作成された時点の特徴値などを埋め込んでおき，これを利用時点での特徴値と比較することで，コンテンツの改ざんを検知可能とする．

また，電子透かしの対象コンテンツを図6.3に示す．これらのコンテンツのうち，高価格，長寿命のものが当面の対象となる．これらをメディア種別で見ると，静止画，動画，音声，テキスト，プログラムである．電子透かしの原理はこれらのメディアに共通であるが，具体的方法は種別ごとに異なる．

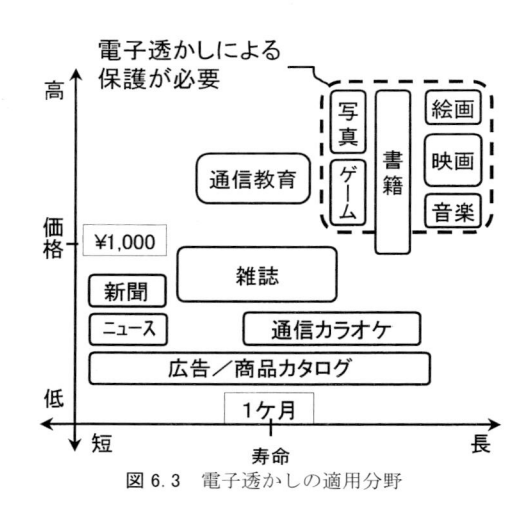

図6.3 電子透かしの適用分野

6.1.3 簡単な電子透かし方式の例

本節では，簡単な例を通じて，電子透かしの原理と技術課題を概説する．図6.4に，静止画を対象とした電子透かしの例を示す．埋め込みたいビットの個数をnとすると，この方式では，原画像をn個のブロックに分割し，ビットとブロックの対応付けを行う．この対応付けに従い，以下のように情報の埋め込みと検出を行う．

【情報の埋込み】

ビットの値が0ならば，対応するブロックの輝度（明るさ）を減少し，ビットの値が1ならば，対応ブロックの輝度を増加する．（ブロックの輝度を増加／減少するとは，そのブロック内のピクセルの輝度を増加／減少することであ

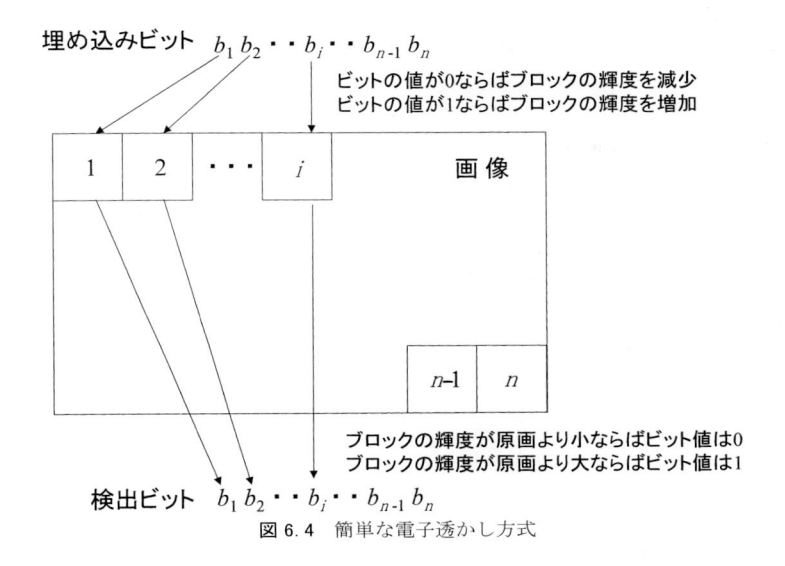

```
埋め込みビット  b₁ b₂ ·· bᵢ ·· bₙ₋₁ bₙ
                          ビットの値が0ならばブロックの輝度を減少
                          ビットの値が1ならばブロックの輝度を増加

  | 1 | 2 | ··· | i |     画　像

                                      | n-1 | n |

                          ブロックの輝度が原画より小ならばビット値は0
                          ブロックの輝度が原画より大ならばビット値は1
検出ビット  b₁ b₂ ·· bᵢ ·· bₙ₋₁ bₙ
```

図6.4 簡単な電子透かし方式

る．）

【情報の検出】

　検出対象画像のブロックの輝度を，原画像の同じブロックの輝度と比較する．検出対象画像のブロック輝度の方が小さい場合には，対応するビットの値が0であると判定し，大きい場合には1であると判定する．（ブロックの輝度とは，ブロック内のピクセルの輝度の平均値である．）

　このように，輝度の変更を通じて静止画に情報を埋め込むことが可能であり，また，静止画から埋め込んだ情報を検出することが可能である．ところが，この単純な方式には以下の3つの問題がある．

（1）ビットの値に対応した明暗のパターンが画像に浮かび上がるため，画質が劣化し，コンテンツの本来の価値が損なわれてしまう．例えば，図6.4の場合，n個のビットのうち最初の半数の値が0で，残りの値が1であると，画像の上半分が暗く，下半分が明るくなる．

（2）透かしを埋め込んだ画像に簡単な画像処理を施しただけで，埋め込んだ情報が検出できなくなる．例えば，透かし埋め込み画像の全ピクセルの輝度を一律に増加するという，簡単な画像処理（輝度の一律シフト）

を施すと，原画より輝度の小さかったブロックが，原画より輝度が大きくなる．その結果，埋め込み時に0であったビットの値が，検出時には誤って1と判定される．
(3) 情報の検出時に原画像との比較が必要であるため，原画像の所有者しか検出することができず，応用範囲が限定される．

したがって，実用的な電子透かしでは，情報の埋め込みに伴う画質の劣化を防止すること，画像処理への耐性を強化すること，検出時での原画像を不必要とすること，などの技術的な工夫が必要となる．

6.1.4 電子透かしの原理

電子透かしは，二つの基本処理すなわち情報の埋め込みと検出から構成される．

【情報の埋込み】
埋め込み情報に対応してコンテンツを変更する．

【情報の検出】
コンテンツを分析して，どのような変更が加えられているかを認識し，変更内容から埋め込まれた情報を特定する．

電子透かしはコンテンツに変更を加えるが，そのことでコンテンツが劣化するのは好ましくない．例えば，美術画像が汚れるようなことは避けたい．ではコンテンツの劣化を伴わずに，コンテンツを変更するにはどうしたらよいか．その代表的な方法を以下にあげる．

(1) 人間の感覚特性の利用

人間の感覚は，大きな刺激と小さな刺激を同時に入力したときに，小さい方の刺激に対して鈍感となる．例えば画像において，明るさの変化が大きい部分と変化がわずかな部分が隣接しているときに，人間の視覚はわずかな変化に気がつきにくい．音声においては，大きな音の直前直後の小さな音は聞き取りにくい．この特性は**マスキング効果**と呼ばれる[1]．マスキング効果を利用し，画像や音声の刺激の大きい部分の近傍に電子透かしの微小な変更を加えることで，変更が人間に認識できないようにすることができる．マスキング効果を利用した電子透かし方式は多数提案されている[2]～[4]．

マスキング効果以外にも,視覚や聴覚に関する知見で電子透かしに利用できるものが存在する.例えば「画像の明るい部分ほど輝度の変更が目立ちにくい」というウェーバーの法則[5]を用いて,画像の明るい部分に電子透かしの変更を加える方式が考えられる.

(2) メディア処理システムの特性の利用

コンテンツが人間の目や耳に触れるまでには,録画／録音,蓄積,伝送,再生などの各種メディア処理を経ているため,その過程でコンテンツになんらかの劣化が加わる場合がある.例えば,ノイズが加わる.そのような場合,電子透かしによるコンテンツの劣化が,メディア処理による劣化に比べて十分に小さければ,電子透かしはコンテンツの利用者にとって気にならないであろう.この原理に基づき,メディア処理によって加わってしまったノイズ部分に電子透かしの変更を紛れ込ませる手法も提案されている[6].

(3) 感覚特性とシステム特性の不整合の利用

パーソナルコンピュータの一般的な画像表現方法では,1600万種類の色の表示が可能である.一方,人間の視覚は2000種類程度の色しか識別できない[7].したがって,パーソナルコンピュータ上の画像について,明るさや色の情報を変更しても人間の視覚では認識できないか,または認識できたとしても気にならない場合がある.このような人間の感覚特性とシステムの特性の不整合を利用して,人間が認識できない部分に電子透かしを埋め込むことができる.静止画や動画の電子透かしの多くはこの原理を利用している.

6.1.5 電子透かしの技術課題

図6.5に電子透かしの技術課題を示す.楕円内が課題であり,アークは課題間の関係を示す.以下では,まず個々の課題について説明し,その後,課題間の関係について説明する.

(1) メディア処理への耐性

コンテンツに電子透かしで情報を埋め込んだ後,それを加工,編集して利用者に配布する場合が多い.例えば静止画の場合,輝度を変更するなどの画像処理を施す.また不正コピーの場面でも,コンテンツを加工,編集する場合が多い.したがって,これらのメディア処理を行った後からでも埋め込んだ情報を

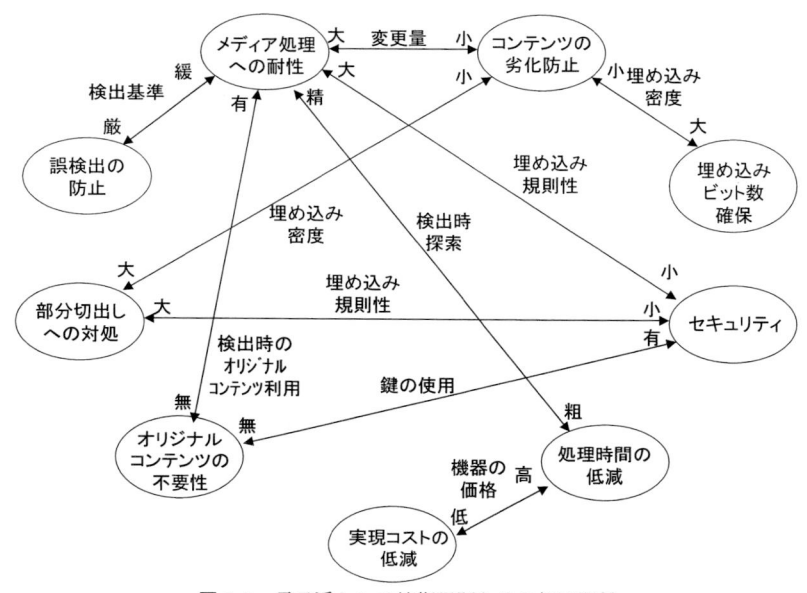

図 6.5 電子透かしの技術課題とその相反関係

精度よく検出する必要がある．

（2）コンテンツの劣化防止

　コンテンツの価値を損なわずに情報を埋め込む必要がある．例えば，静止画の場合は画質の劣化を防止する．すなわちオリジナルコンテンツと情報埋め込みコンテンツが人間には区別できない，あるいは，区別できたとしても差分が鑑賞の妨げにならない範囲にあることが必要である．

（3）誤検出の防止

　情報を埋め込んでいないコンテンツから情報を検出すること，あるいは埋め込んだ情報とは異なる情報を検出することを誤検出という．この誤検出の発生する確率が実用上問題のない範囲にあること．

（4）埋め込みビット数の確保

　電子透かしの使用目的を達するに充分なビット数を埋め込めることが必要である．例えば，著作権者のIDを埋め込む場合には，複数の著作権者を識別するに充分なビット数を埋め込めること．

(5) 部分切り出しへの対処

コンテンツの正当な利用者あるいは不正コピー者が，コンテンツ全体ではなく，その一部分を利用する場合があるので，コンテンツの断片からでも埋め込み情報を検出できること．

(6) セキュリティ

電子透かし方式の推定およびそれに基づく埋め込み情報の除去や改ざんが容易でないこと．また，電子透かしを悪用した不正行為が容易でないこと．

(7) オリジナルコンテンツの不要性

電子透かしの方式には，検出の際に，情報を埋め込んだコンテンツとオリジナルのコンテンツとの比較を必要とするものがある．しかし検出にオリジナルのコンテンツが必要であると，コンテンツの所有者しか検出できず，応用範囲が限定される．したがって，オリジナルコンテンツを必要とせず，情報埋め込みコンテンツのみから検出できる方法が望ましい．

(8) 処理時間の低減

情報の埋込みおよび検出の処理時間が実用的な範囲にあること．

(9) 実施コストの低減

電子透かしはソフトウェアとして実装されるだけでなく，セキュリティ面あるいは速度向上の面からハードウェアによる実装が行われることもあるが，そのハードウェアの製造コストは実用的な範囲内であること．また，電子透かしを使ったシステム全体の運用において，埋め込んだ透かし情報およびオリジナルコンテンツの管理（例えば，データベース管理），埋め込み処理，検出処理，などの運用コストが実用的な範囲内であること．

以上の課題は互いに相反関係にある．例えば，情報埋め込み時のコンテンツの変更量を大きくする（透かしを強く埋め込む）と，メディア処理への耐性は向上するが，コンテンツの劣化も大きい．逆に，変更量を小さくすると，コンテンツの劣化は防止できるが，耐性は小さくなる．また，単位面積あたりの埋め込みビット数を増やすと挿入ビット数は大きくなるが，コンテンツの劣化も大きい．逆に，密度を小さくするとコンテンツの劣化は小さいが，挿め入みビット数も小さくなる．これらの課題間の相反関係は図6.5にまとめてある．

電子透かしの研究開発にあたっては,各々の課題を独立に考えるのではなく,他との関係を考える必要がある.また,具体的なシステム開発にあたっては,その用途に応じて,課題間に優先順位を付ける必要がある.

6.2 静止画用電子透かし

6.2.1 概要
(1) 計算機における静止画の表現
静止画には2値画像,モノクロ多値画像,カラー多値画像がある.本節では,コンテンツ流通で最も一般的に用いられるカラー多値画像を取り上げることにし,以下では画像とはカラー多値画像を指すものとする.

計算機内での画像の表現は,ピクセル表現と周波数表現に大きく分類できる.ピクセル表現では画像の最小単位はピクセルであり,その配列で画像を表す.各々のピクセルは,例えば3原色すなわち赤(R),緑(G),青(B)によって表現される.各ピクセルの表現はRGBに限る必要はなく,別の座標系を用いてもよい.RGB以外に,輝度(Y)と二つの色差(Cr, Cb)を用いたYCrCb表現などがよく用いられる.

一方,周波数表現では画像の最小単位は余弦波であり,画像を,位相と振幅の異なる複数の余弦波の重ね合わせで表現する.例えば,フーリエ変換や離散コサイン変換を用いた表現法がある.

(2) 静止画用電子透かしの原理
静止画の電子透かしは以下の2種類に大別できる.
(a) ピクセル領域の電子透かし:ピクセルの値を変更
(b) 周波数領域の電子透かし:余弦波の振幅および位相を変更

以下では,直観的な理解が容易なピクセル領域の電子透かしを最初に説明し,その後で周波数領域の電子透かしについて概略を説明する.

6.2.2 ピクセル領域の電子透かし方式
本節では電子透かしのさまざまな技法を以下の順序で説明する.
・最初に用語定義と電子透かしの基本的な方式を示す.
・次に,6.1.5項で述べた課題を一つずつ取り上げ,その解決に必要な技法

（1） 基本的な方法

ピクセル領域の電子透かしは，輝度，例えば，$YCrCb$のY成分を変更する方法と，色，例えば，$CrCb$成分を変更する方法に分類できる．輝度の変更と色の変更のどちらが本質的に優れているかはいまだ結論が出ていないが，輝度を変更する方法が一般的であり，さまざまな技法が確立されている．したがって，本節では，輝度変更型の電子透かしを取り上げる．

図6.6に画像の構成を模式的に示す．縦Vピクセル，横Hピクセルのサイズであり，各々のピクセルは輝度値を持つ．輝度値の表現精度は特に決まってはいないが，0から255の8ビット整数で表現するのが一般的である．

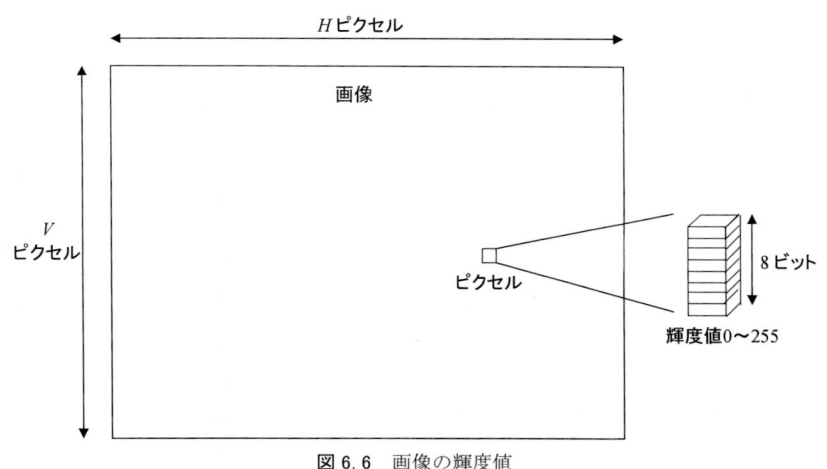

図6.6 画像の輝度値

以下では，今後の説明に必要な用語を定義する（図6.7）．

- **埋め込み情報のビット**

  画像に埋め込みたい情報の各々のビットをbで表す．複数のビットを区別したい場合には，b_1, b_2のように添え字をつけることにする．

- **画像のピクセル**

  画像の各々のピクセルをpで表す．複数のピクセルを区別したい場合にはp_1, p_2のように添え字をつけることにする．

- **ピクセル集合**
 ピクセルの集合を S で表す．
- **ピクセルブロック**
 ピクセルの集合であって，要素となるピクセルが連結しているものをピクセルブロックと呼び，B で表す．ピクセルブロックの形状およびサイズは任意であるが，図6.7では，例として2×2ピクセルの正方形状のピクセルブロックを示している．

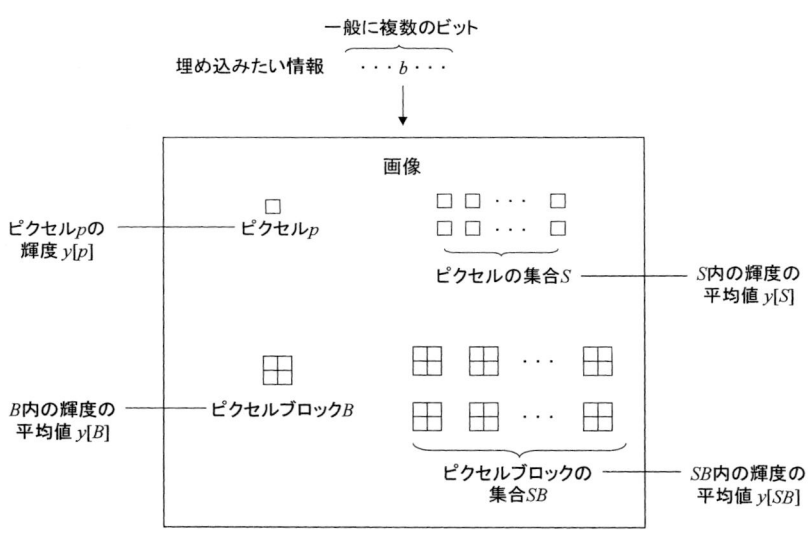

（注）ピクセルブロックのサイズや形状は任意であるが，ここでは一例として2×2の正方形を示した

図 6.7　用語の定義

- **ピクセルブロックの集合**
 ピクセルブロックの集合を SB で表す．SB は，ピクセルの集合（ピクセルブロック）の集合である．
- **ピクセルの輝度値**
 ピクセル p の輝度値をで $y[p]$ 表す．

- **ピクセル集合の輝度平均値**

  ピクセル集合S内のピクセル輝度の平均値を$y[S]$で表す．すなわち，$S=\{p_1, p_2, \cdots, p_n\}$（$n$は$S$内のピクセルの個数）とすると，

  $$y[S] = \frac{1}{n} \cdot \sum_{i=1}^{n}(y[p_i]) \tag{6.1}$$

- **ピクセルブロックの輝度平均値**

  ピクセルブロックB内のピクセル輝度の平均値を$y[B]$で表す．

- **ピクセルブロック集合の輝度平均値**

  ピクセルブロックの集合SB内のピクセル輝度の平均値を$y[SB]$で表す．

図6.8を用いて電子透かしの最も基本的な方式を説明する[8]．この方式は，その後のさまざまな方式の基礎となったものである．この方式の基本的な考え方は，画像の輝度値を表すビットを，埋め込みたい情報のビットで置換することである．例えば，埋め込み情報が100ビットである場合には，画像のうち100

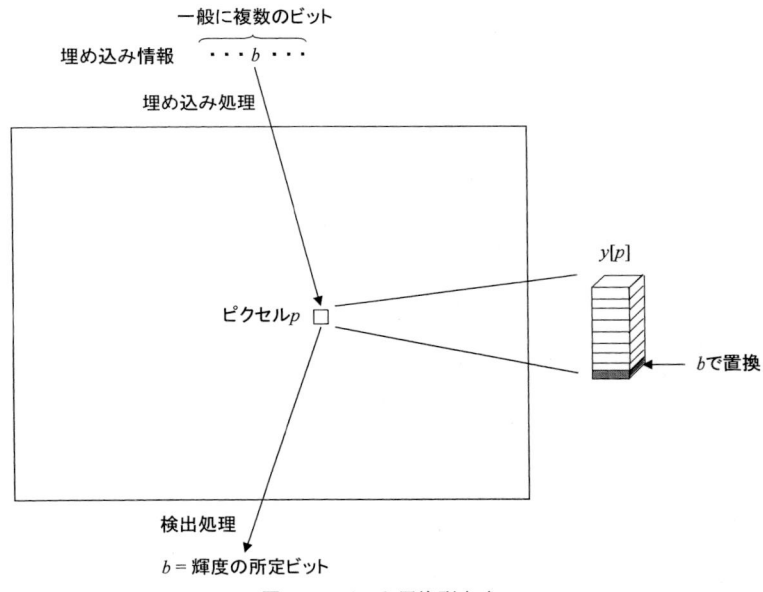

図6.8 ビット置換型方式

ピクセルの輝度値を，埋め込み情報のビットで置換する．情報の埋込みおよび検出の方法は，以下のとおりである．

【情報の埋込み】
- 埋め込み情報の各々のビット b に画像のピクセル p を対応付ける．（例えば，埋め込み情報の1番目のビットには画像の100番目のピクセル，埋め込み情報の2番目のビットには画像の200番目のピクセルというように対応付ける．）
- 対応先ピクセルの輝度値 $y[p]$ の最下位ビットを，埋め込み情報のビット b で置換する[1]．

【情報の検出】
- 情報の埋め込み時と同じ規則を用いて，検出したい情報の各々のビット b に画像のピクセル p を対応付ける．
- p の輝度 $y[p]$ の最下位ビットを読み出し，b の値とする．

以上により，埋め込みたい情報の全ビットを画像の輝度値の中に埋め込むことができ，また，画像の輝度値から埋め込んだ情報を読み出すことができる．

（2） 画像処理耐性の向上 —非幾何変換への対処—

情報を埋め込んだ画像に加工・編集を加えた後でも，埋め込んだ情報を正しく検出できる必要がある．本節では，電子透かしの画像処理耐性の向上について述べる．画像処理は以下の2種類に分類できる．
- 非幾何変換：画像の形状は変更せず，輝度や色を変更．
- 幾何変換：画像の形状を変更．スケーリング（拡大・縮小），回転，左右の反転など．

本項では，非幾何変換への対処のみを説明し，幾何変換への対処については後に本節（7）項で説明する．これは，幾何変換に対処する技法が複雑であるため，他の話題を先に説明する方が読者にとって理解しやすいと考えたからである．

---

[1] 必ずしも最下位ビットを置換する必要はなく，例えば下から2番目のビットであってもよい．重要なことは，情報の埋め込み時に置換するビットの位置と検出時に読み出すビットの位置が一貫していることである．

非幾何変換の主なものは，輝度変更，フィルタリング，不可逆圧縮である．本項では，これらの非幾何変換に対処する3つの技法－関係表現，統計量の操作，ブロック化－を説明する．

(a) 輝度変更への対処

画像の輝度が変更されても，電子透かしが正しく検出されるためにはどのようにすればよいかを考える．輝度変更とは，所定の関数 f を用いて画像の各ピクセルの輝度を変更する処理である．すなわち，各々のピクセルの輝度 $y[p]$ を $f(y[p])$ に変更する．$y[p]$ が変化すると，上記（1）項の基本的な透かし方式では，埋め込んだ情報も変化するため正しく検出することができない．

この問題を解決するため，「実際に用いられる輝度変更のほとんど（例えば，輝度の一律増減，線形変換，γ変換）では，輝度の大小関係は保たれる」という点に着目しよう．すなわち，ほとんどの輝度変換において，変更前に $y[p_1] < y[p_2]$ であれば，変更後にも $y[p_1] < y[p_2]$ という関係が保たれる．したがって，埋め込み情報のビットをピクセルの輝度値自体ではなく，二つのピクセル間の，輝度値の大小関係で表現しておけば，輝度変更に耐えることができる．以下にその方式を述べる（図6.9）．

【情報の埋込み】
- 埋め込み情報の各々のビット b に二つのピクセル p_1 および p_2 を対応付ける．（例えば，埋め込み情報の1番目のビットには画像の100番目と101番目のピクセル，埋め込み情報の2番目のビットには画像の200番目と201番目のピクセルというように対応付ける．）
- $b=0$ ならば $y[p_1] < y[p_2]$ となるようにピクセル p_1 および p_2 の輝度を変更する．
  $b=1$ ならば $y[p_1] > y[p_2]$ となるように p_1 および p_2 の輝度を変更する．

【情報の検出】
- 情報の埋め込み時と同じ規則を用いて，埋め込み情報の各々のビット b に二つのピクセル p_1 および p_2 を対応付ける．
- $y[p_1]$ と $y[p_2]$ の大小比較により b の値を決定．

(b) フィルタリングへの対処

フィルタリングでは，画像の各ピクセルの値を周囲のピクセルの値に依存して変更する．そのため，ピクセルの輝度値は周囲との関係において増加または減少する．その結果，ピクセルの輝度は平均的には大小関係が保たれるが，個々

```
                一般に複数のビット
              ┌─────┴─────┐
  埋め込み情報    ・・・ b ・・・
                              b=0 ならば y[p₁]<y[p₂] となるように p₁, p₂ の輝度を変更
  埋め込み処理                  b=1 ならば y[p₁]>y[p₂] となるように p₁, p₂ の輝度を変更
```

図 6.9 ピクセル輝度値の相対関係を用いた方式

(検出処理: $y[p_1]<y[p_2]$ ならば $b=0$ / $y[p_1]>y[p_2]$ ならば $b=1$)

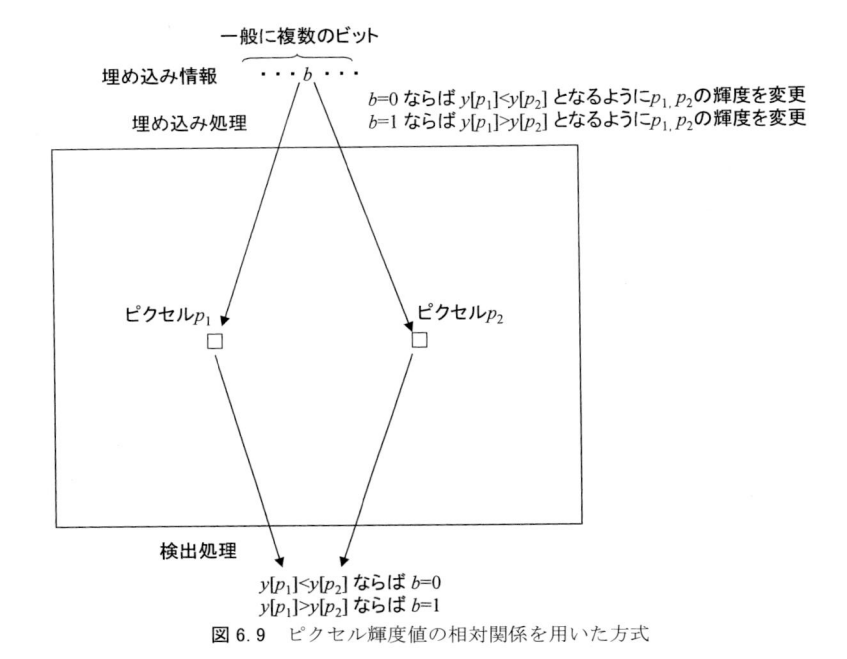

のピクセルについては大小関係が逆転することがある．上記の単純な相対表現では，フィルタリングの結果，度の大小が逆転し，埋め込んだ情報が正しく検出されない場合がある．この問題の解決策として，統計量の操作とブロック化による方式が提案されている[9,10]．

最初に統計量の操作について述べる．この方法は，「フィルタリングを行うと個々のピクセル輝度の大小関係は逆転する場合があるが，輝度の平均値の大小関係が逆転する可能性は小さい」という点に着目するものである．すなわち，埋め込み情報のビットを，二つのピクセル輝度の大小関係で表すのではなく，二つのピクセル集合の輝度平均値の大小関係で表す．情報の埋込みおよび検出方法は以下のとおりである．なお，ここで S_1 および S_2 は，数10個から数100個のピクセルの集合である．

【情報の埋込み】

- 埋め込み情報の各々のビット b に二つのピクセル集合 S_1 および S_2 を対応付ける．
- $b=0$ のならば，$\{S_1$ のピクセル輝度の平均値 $y[S_1]\} < \{S_2$ のピクセル

輝度の平均値 $y[S_2]$},となるように S_1 および S_2 内のピクセルの輝度を増減する.

$b=1$ のならば,$y[S_1] > y[S_2]$,となるように S_1 および S_2 内の輝度を増減する.

【情報の検出】

- 情報の埋め込み時と同じ規則を用いて,埋め込み情報の各々のビット b に二つのピクセル集合 S_1 および S_2 を対応付ける.
- $y[S_1]$ と $y[S_2]$ を比較することで,b の値を決定する.

次にブロック化について述べる.フィルタリングのうち,よく利用されるものとして,画像の低周波成分を残し,高周波成分を削除するローパスフィルタリングがある.ローパスフィルタリングは輝度の細かい凹凸を除去するので,電子透かしの輝度変更を1ピクセル単位で行うと,ローパスフィルタリングによって除去されやすい.この問題は,輝度の増減を1ピクセル単位で行うのではなく,2×2ピクセルなどのピクセルブロック単位で行うことによって解決できる.

統計量操作とブロック化を取り入れた方法をまとめると以下のようになる(図6.10)[9].

【情報の埋込み】

- 埋め込み情報の各々のビット b に二つのピクセルブロックの集合 SB_1 および SB_2 を対応付ける.SB_1 および SB_2 は,各々 L 個のピクセルブロック B_{11} 〜 B_{1L} および B_{21} 〜 B_{2L} からなる.
- $b=0$ ならば,$y[SB_1] < y[SB_2]$ となるように SB_1 および SB_2 の輝度を変更する.

  $b=1$ ならば,$y[SB_1] > y[SB_2]$ となるように SB_1 および SB_2 の輝度を変更する.

【情報の検出】

- 情報の埋め込み時と同じ規則を用いて,埋め込み情報の各々のビット b に二つのピクセルブロックの集合 SB_1 および SB_2 を対応付ける.
- 各々のビット b について,$y[SB_1]$ と $y[SB_2]$ の大小比較により値を決定する.

埋め込み情報　・・・b・・・　一般に複数のビット

埋め込み処理　　　　　　　b=0 ならば $y(SB_1) < y(SB_2)$ となるように輝度を変更
　　　　　　　　　　　　　b=1 ならば $y(SB_1) > y(SB_2)$ となるように輝度を変更

（ブロック $B_{11}, B_{22}, B_{1L}, B_{21}, B_{12}, B_{2L}$ を含む図）

検出処理

$y(SB_1) < y(SB_2)$ ならば $b = 0$
$y(SB_1) > y(SB_2)$ ならば $b = 1$

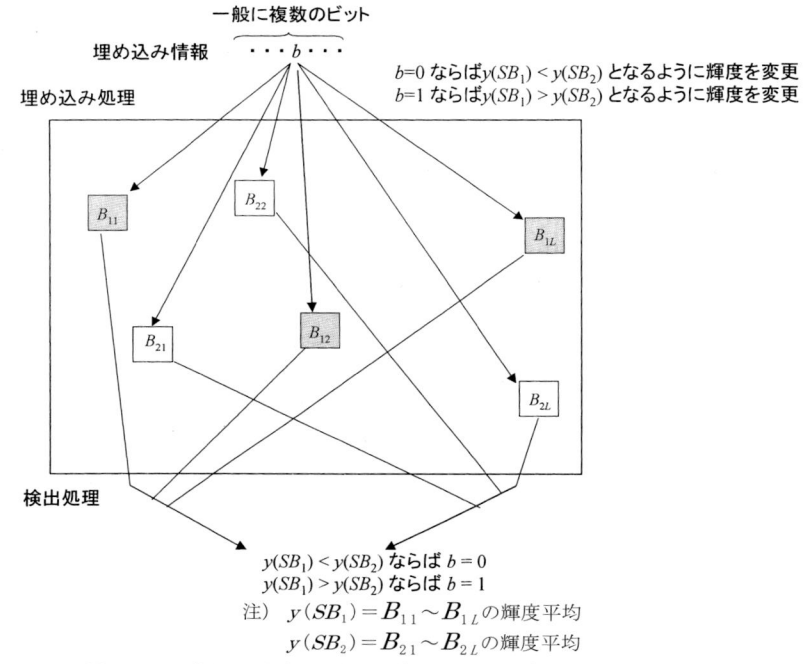

注）$y(SB_1) = B_{11} \sim B_{1L}$ の輝度平均
　　$y(SB_2) = B_{21} \sim B_{2L}$ の輝度平均

図6.10 画像処理耐性を向上した統計量操作とブロック化を用いた方式

上記において，SB_1およびSB_2のピクセルブロックの個数が多いほど，また，各々のピクセルブロックが大きいほど，$y[SB_1]$と$y[SB_2]$の大小関係が逆転する可能性は小さくなる．また，各々のピクセルに加える輝度の変更を大きくするほど，$y[SB_1]$と$y[SB_2]$に大きな差をつけることができるので，これが逆転する可能性は小さくなる．すなわち，画像に加える輝度の総変更量が大きいほど，フィルタリングへの耐性を大きくすることができる．

（c）　圧縮への対処

次に圧縮に対する電子透かしの耐性向上について説明する．静止画の圧縮には情報の欠落がない可逆圧縮と欠落を伴う不可逆圧縮があるが，圧縮率の高い不可逆圧縮を用いることが多い．不可逆圧縮では情報欠落のため輝度が変化するので電子透かしに影響がある．不可逆圧縮の影響とその対処を，代表的な二つの圧縮方法JPEGおよびGIFを例として説明する．

JPEGは画像を周波数表現に変換した後，主に高周波成分の情報を捨てる．その結果，ピクセル輝度の細かい増減がなくなる．これは，電子透かしの観点か

ら見ると，前述したローパスフィルタリングの一種である．したがって，JPEGへの対処には，前記（b）で述べたフィルタリングへの対処方法が利用できる．

GIFは，原画の持つ情報をピクセルごとに縮退する．例えば，24ビット／ピクセル（R，G，Bが各々8ビット）の情報を8ビット／ピクセルに縮退する．その結果，輝度の精度が粗くなり，繰り上がりまたは繰り下がりのため，輝度が確率1/2で増加または減少する．しかし，輝度の増加と減少の確率が等しいため，SB_1およびSB_2のピクセル数を十分大きく取れば，GIFの適用後もSB_1およびSB_2の輝度平均値は変わらず，その大小関係で表現した情報を正しく検出することができる．したがって，GIFに対しても，上記（b）で述べたフィルタリングへの対処方法が利用できる．

フィルタリングの場合と同様に，透かし埋め込み時に加える輝度の変更が大きいほど耐性を大きくすることができる．

以上述べたように，関係表現，統計量操作およびブロック化によって基本的な非幾何変換に対処できる．なお，ここでは統計量の操作として平均値の操作を取り上げたが，それ以外に分散値の操作なども提案されている[11]．

（3） 画質劣化の防止

ここでは，電子透かし埋込みによる画質劣化の防止について説明する．一般に電子透かし埋め込み時に，輝度の変更を大きくして透かしを埋め込んだ方が，後で行われる画像処理によって除去されにくくなり，画像処理耐性が大きくなる．ところが，単純に輝度の変更を大きくすると，画質の劣化も大きくなるという問題がある．そこで，画質劣化の防止では以下が技術課題となる．

「画像のうち変更が目立ちにくい場所の輝度は大きく変更し，目立ちやすい場所の輝度は小さく変更することで，全体として輝度を大きく変更しながら，画質の劣化を防止する」

この課題は，人間の視覚特性を利用することで解決できる．ここでは人間の視覚特性として6.1.4（1）項で述べたマスキング効果を取り上げる．マスキング効果によれば，原画像における輝度の変動がもともと大きい場所では，輝度の変更は目立たない[2,3]．そこで，原画像における輝度の変更が大きい場所では電子透かしの変更を大きくし，原画像における輝度の変更が小さい場所では電子透かしの変更を小さくするという方法が成立する．

マスキング効果の具体的な利用方法は以下のとおりである．

(a) 各々のピクセルpについて,周囲の輝度の変動の大きさ,すなわちマスキング効果の大きさ $M[p]$ を求める.この $M[p]$ が大きいほど p における輝度の変更が目立たない.

(b) 電子透かしにおける輝度の変更量を,$M[p]$ に依存してピクセルごとに調整する.$M[p]$ が大きいピクセルほど輝度を大きく変更する.

ピクセル p におけるマスキング効果の大きさ $M[p]$ の近似的な定義は,下記の式(6.2)に示すとおりである($M[p]$ の厳密な定義については文献3)を参照のこと).

$$M[p] = \max_{p_1, p_2 \in S} \left(\frac{y[p_1] - y[p_2]}{y[p_1] + y[p_2]} \right) \tag{6.2}$$

ただし S は p の近傍ピクセルの集合である.

式(6.2)の分子は,p 周辺の輝度の差が大きいほどマスキング効果が大きいことを示している.

図6.11は原画像の例である.この原画像の場合,毛髪部のように輝度の変動が大きい場所は透かしを埋め込んでも目立ちにくいが,人間の肌の部分,特に頬のように輝度の変動が小さい場所に透かしを埋め込むと目立ちやすい.しかしマスキング効果を利用すれば,透かしの目立ちにくい場所では変更量が大きくなり,透かしの目立ちやすい場所では変更量が小さくなるので,画質の劣化を防止できる.図6.12(a)は図6.11の原画における頬の部分の拡大,図

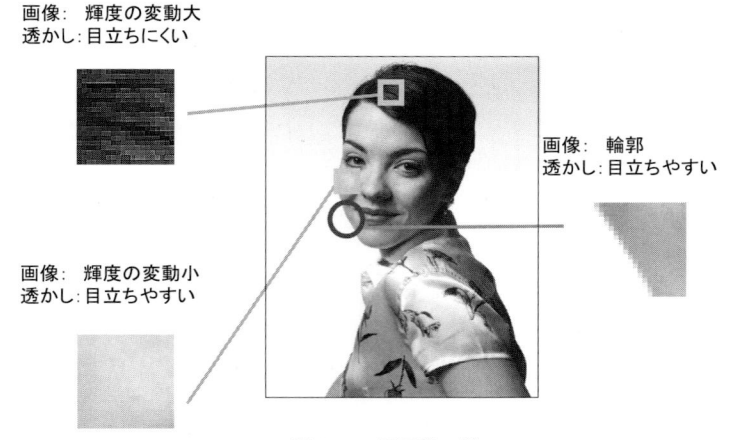

図6.11 原画像の例

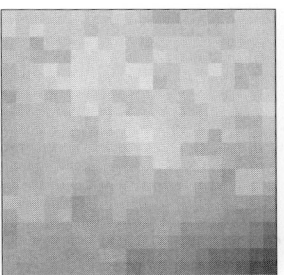

6.2 静止画用電子透かし

(a) 原画
(図 6.11 の頬の部分)

(b) ランダム方式による透かし埋め込み画像

(c) マスキング効果に基づく透かし埋め込み画像

図 6.12 マスキング効果利用による画質劣化の防止

6.12 (b) は各ピクセルの輝度変更量をランダムに決定した透かし埋め込み画像，同 (c) は，同じ総変更量をマスキング効果に基づいて分配した透かし埋め込み画像である．マスキング効果によって画質劣化を防止できることが分かる．

また，物体の輪郭は視覚的に重要な部分であり，その部分の変更は目立ちやすい．そこで，マスキング効果に加えて，輪郭を認識することで変更量を調整する方法も提案されている[12]．図 6.13 (a) は図 6.11 の原画像における顔の輪郭部の拡大図，図 6.13 (b) はマスキング効果のみを用いた透かし埋め込み画像，同 (c) はマスキング効果と輪郭認識の両者に基づく透かし埋め込み画像を示す．マスキング効果に輪郭の認識を加えることによって，その部分の画質劣化をさらに防止できることが分かる．

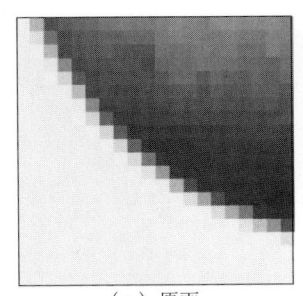

(a) 原画
(図 6.11 の輪郭部分)

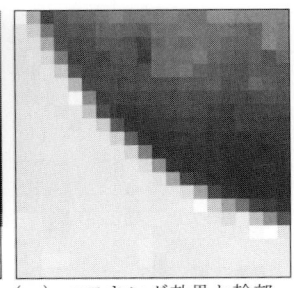

(b) マスキング効果に基づく透かし埋め込み画像

(c) マスキング効果と輪郭認識に基づく透かし埋め込み画像

図 6.13 輪郭の認識による画像劣化の防止

(4) 誤検出の防止

電子透かしの誤検出には以下の2種類がある[13]．
（a） ビット誤り：埋め込まれた情報とは異なる情報を検出する．
（b） False Positive：情報が埋め込まれていない画像から情報を検出する．

（a）のビット誤りについては，従来から通信のビット誤り対策などで用いられてきた方法[14]により対処することができるので，本書では説明を省略するが例えば，誤り訂正符号を用いた対処方法[15]がある．

以下では，（b）の False Positive（FP）について説明する．説明の分かりやすさのために，埋め込み情報が1ビットと仮定する．複数ビットに対する方法は，1ビットに対する方法を基礎として構築される．

FPの防止では，画像から検出されたピクセル輝度値の特徴を見て，電子透かしの輝度変更による人為的（有意）のものか，原画像の輝度の分布からくる偶然のものかを判定することが重要である．偶然のものを有意と判定したときに，FPが生じる．有意か偶然かを判定する方法として，しきい値を利用する方法が

$$y(SB_1) - y(SB_2) \leqq -T \quad \rightarrow b = 0$$
$$y(SB_1) - y(SB_2) \geqq T \quad \rightarrow b = 1$$
$$-T < y(SB_1) - y(SB_2) < T \quad \rightarrow 検出しない$$

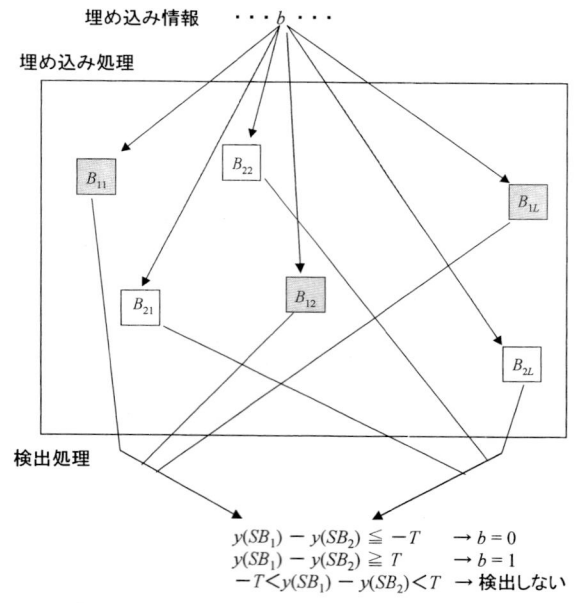

図 6.14　しきい値を用いて誤検出を防止する方式

ある[10,13]．以下では，前述した（2）項の方式（図6.10）に対してしきい値判定を行う方式を取り上げる[13]．図6.14にこの方式を示す．ここで，しきい値 T は正の実数とする．

【情報の埋め込み時のしきい値利用】

ビット $b=0$ ならば，$y[SB_1]-y[SB_2] \leqq -T$ となるように SB_1 および SB_2 の輝度を変更する．

$b=1$ ならば，$y[SB_1]-y[SB_2] \geqq T$ となるように変更する．

【情報の検出時のしきい値利用】

以下のケース分けによりビット b の値を決定．

ケース１：$y[SB_1]-y[SB_2] \leqq -T$ ならば $b=0$ と判定．

ケース２：$y[SB_1]-y[SB_2] \geqq T$ ならば $b=1$ と判定．

ケース３：$-T<y[SB_1]-y[SB_2]<T$ ならば，透かしが埋め込まれていないと判定．

しきい値 T を充分に大きく設定すれば，透かしの埋め込みによる人為的な変更がない限り，ケース１および２が生じる可能性は小さい．したがって，FPの確率は小さくなる．しきい値 T とFP確率の関係は，以下のように確率論を用いて分析することができる[13]．

$v=y[SB_1]-y[SB_2]$ とする．SB_1 および SB_2 におけるピクセルブロックの位置がランダムであって，その個数が充分に多い場合，透かし埋込みの人為的な操作を受けていない画像では，v の確率分布は，図6.15のようなガウス分布になる．FPは，透かしの埋め込まれていない画像において，$v \leqq -T$ または $v \geqq T$ となる場合に生じる．したがって，FPの確率 Φ は以下のようになる．

$\Phi=$ ガウス分布に沿った統計量が $-T$ 以下または T 以上となる確率

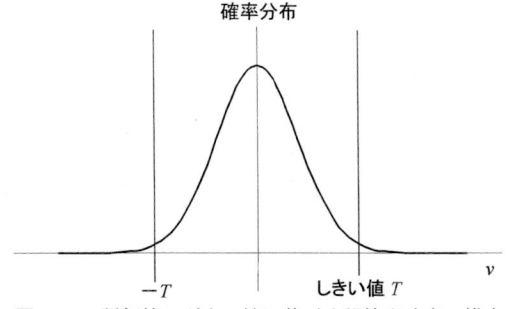

図 6.15　評価値のガウス性に基づく誤検出確率の推定

上記Φが要求値となるようにTを設定することで，所望の誤検出確率を達成することができる．

最後に，誤検出防止と画質の関係について述べる．誤検出を防止するだけであれば，誤検出確率の要求値を限りなく小さくし，対応するしきい値Tを限りなく大きくすればよい．しかしTを大きくすると，情報埋め込み時の輝度の変更量を大きくする必要があり，画質劣化が大きくなる．そこで，誤検出確率の要求値は実用上問題がない範囲でできるだけ緩くする必要がある．

（5） 埋め込みビット数の確保

画像のサイズに比べて埋め込みたいビット数が多い場合に，高密度の埋込みが必要となる．その場合，輝度を変更する部分の割合が大きくなるため，画質が劣化しやすい．そこで，本節（3）項で述べた画質劣化の防止が重要になる．また，検出するビット数が多いので，検出におけるビット誤りが生じやすい．そこで，（4）項で述べた誤り訂正符号などのビット誤り対策が重要になる．

（6） 部分切り出しへの対処

電子透かしは，画像の一部分からでも検出できる必要がある．部分切り出しへの対処では，情報の部分的な完結および位置ずれ対策が課題となる．最初に情報の部分的完結について述べる．$V_1 \times H_1$ピクセルの任意の部分画像から埋め込み情報を検出可能とするためには，そのサイズの任意の部分画像に完結した透かしを埋め込む必要がある．そのための基本的な方法は，電子透かしを画像全体に均一に配置することである．また，高密度の配置が必要となるので，前項（5）で述べたような対策，すなわち画質劣化の防止やビット誤り対策が重要になる．

次に位置ずれ対策について述べる．画像内の透かし埋め込み箇所は，埋め込み時の画像の原点（例えば，左上の角）を基準に決められる．部分切り出しの結果，原点がずれるため，検出時に，透かし埋め込み箇所がわからなくなるという問題が生じる．この問題に対処する一つの方法は，正しい原点の位置を探索することであるが，一般に大きな処理時間を要する．そこで，粗い探索と精密な探索を併用し，粗い探索で概略の原点位置を見つけ，その周辺で精密な探索を行うことにより正確な原点位置を見つけるなどの方法[16]が提案されている．

（7） 画像処理耐性の向上－幾何変換への対処－

代表的な幾何変換としては，スケーリング（拡大／縮小），縦横比の変更，回転，左右の反転，平行四辺形歪みおよびこれらの組み合わせがある[17]．幾何変換によって生じる最大の問題は，透かしの埋め込まれた場所が分からなくなることである．（6）項の部分切り出しにおける位置ずれは，単純な平行移動であったが，ここでの位置ずれはより複雑である．

位置ずれに対処する一つの方法は，部分切り出しの場合と同様に，正しい位置を探索することであり，これを粗い探索と精密な探索によって効率化するなどの方式[16]が提案されている

位置ずれに対処するもう一つの方法は，位置のずれた画像から情報を直接検出できるようにすることである[15]．そのためには，不変パターン（invariant pattern）と呼ばれる，変形の影響を受けないパターンを利用する．例えば，円は完全な回転不変パターンである．正方形は完全な回転不変でないが，90度回転に関しては不変である．フラクタルパターンはスケーリングに関して不変性を持つ．左右対称パターンは左右反転に関して不変である．

透かし挿入箇所を不変パターンに沿って配置することで，幾何変換を受けた画像を元に戻すことなく，そのまま透かしを検出することができる．例えば，回転に関して不変なパターンで透かしを埋め込めば，回転された画像からそのまま透かしを検出できる．不変パターンを利用する場合の問題点は，透かしの挿入パターンが規則的になるため，透かしが目立ちやすくなり画質が低下することおよび，セキュリティが低下することである．

（8） セキュリティ

電子透かしに必要なセキュリティは，その利用形態によって異なる．ここでは，代表的な利用形態として従来研究の多くが取り上げている以下のものを考える．

- コンテンツプロバイダが購入者に画像を送付するときに，購入者のID情報を画像に埋め込む．
- プロバイダは，不正コピーされた画像を回収したときに，そこから購入者IDを検出し，そのIDの示す購入者を不正コピー者と特定する．

この利用形態におけるセキュリティ上の脅威を表6.2にまとめる．脅威は，透かし方式の推定，透かしの除去，改ざんおよび悪用に分類できる．透かし方

式の推定は，それだけでは実害はないが，実害の前段階となる．透かしの除去および改ざんは，透かし方式を推定した上で，意図的な画像処理により，透かしを読み出せないようにしたり，別のIDが検出されるようにするものである．透かしの悪用は，透かしを利用して不正コピーの罪を他人になすりつけるものである．不正者の可能性としては，プロバイダと購入者が考えられる．

表 6.2　電子透かしに対するセキュリティ上の脅威

不正者 脅威の種類	プロバイダ	購入者
透かし方式の推定	・公開情報（文献など）の分析 ・埋込みおよび検出システムの分析	・公開情報の分析 ・複数購入者の結託
透かしの除去	—	推定に基づく意図的な画像処理で透かしを除去
透かしの改ざん	—	他人のIDを埋め込んで不正コピーの罪をなすりつけ
透かしの悪用	購入者IDを挿入した上で横流しし，その購入者に罪をなすりつけ	—

表 6.2において，公開情報の分析とは，学術文献などで方式が公開されている場合に，これを分析することであり，不正者にとって方式推定の最も有効かつ容易な方法である．それ以外の推定方法は不正者にとって労力を必要とする．埋込みおよび検出システムの分析とは，透かし埋め込みシステムを用いて，原画像と透かし画像の差分を分析したり，透かし検出システムを用いて，さまざまな輝度のパターンに対する反応を調べるなどの方法を意味する．上記の利用形態では，埋込みおよび検出システムはプロバイダサイトにのみ設置すればよいので，システム分析はプロバイダにのみ可能である．複数購入者の結託による推定とは，複数の購入者が同じ画像を購入して差分を取る方法である．各々の購入者に配布された画像は，共通の原画像に異なる透かしが挿入されたものであるから，比較によって透かし部分を特定することができる．

これらの脅威に対するセキュリティ対策および安全性のレベルを表 6.3にまとめておく．方式を公開しない方が安全性は高い．しかし，方式を完全に隠すことは現実には困難である．例えば，電子透かしシステムのメーカが顧客にシステムを納入する際には，方式の説明を求められる場合がある．方式を公開し

てかつ安全性を確保するためには，鍵を用いる．鍵の利用方法としては，埋め込み情報自体を鍵で暗号化する方法，透かしの埋め込み場所を鍵で秘匿する方法などがある[18]．埋め込み情報を暗号化する方法では，鍵を知らない者は正規の暗号化ができないので，透かしの改ざんは困難となる．埋め込み位置を秘匿する方法では，鍵を知らないと透かしの位置が分からないので，除去も困難となる．

表6.3から分かるように，鍵を用いただけでは対処できない脅威として，複数購入者の結託による方式推定，プロバイダによる罪のなすりつけが問題である．これらのうち，結託攻撃への対処については，符号理論の面から研究されている[19～21]．基本的な考え方は，N人の購入者のうちM人が結託する場合を想定し，N個の購入者IDのうち任意のM個について共通部分が存在するようにIDを設定する．M人が同じ画像を購入して透かし画像を比較しても，共通部分については差分が現れないため，これを消去できない．この共通部分を検出することで不正者であるM人を特定する．

表6.3 セキュリティ対策と安全性のレベル

方式の公開 \ 鍵の利用	利用しない	埋め込み情報を鍵で暗号化	埋め込み場所を鍵で秘匿
公開	いずれの脅威に対しても弱い	透かしの改ざんは防止	透かしの除去および改ざんは防止．ただし，複数購入者の結託などによって方式推定し，除去する可能性あり
非公開	埋込みおよび検出システムの分析，複数購入者の結託などで方式推定し，除去する可能性あり．プロバイダによる罪のなすりつけは可能		

プロバイダによる罪のなすりつけに関しても，多数の解決方法が提案されている[22,23]．その基本的な考え方は，画像に購入者IDを埋め込む処理をプロバイダだけに任せるのではなく，購入者や第三者の関与の下で行うことである．プロバイダの不正だけでなく，中間業者の不正を防止する方法も提案されている[24]．

(9) 原画像の不要性

検出に透かし埋め込み画像と原画像との比較を必要とする方法は，用途が限定されるので，透かし埋め込み画像のみから検出できる方法が望ましい．透か

し埋め込み画像のみから情報を検出可能とするためには，透かし埋め込み画像と原画像の輝度の関係で情報を表すのではなく，透かし埋め込み画像内の輝度の値あるいは値の間の関係で情報を表す必要がある．

(10) 処理時間

透かし埋め込み時間の多くは，画質劣化防止のための画像解析すなわち，透かしの目立ちやすい場所と目立ちにくい場所の識別に費やされる．そこで，埋め込み処理の短縮には，少ない計算時間で有効な解析を行う方法の確立が必要である．一方，透かし検出時間の多くは，幾何変換に対処するための位置合わせに費やされるので，本節（7）項で述べたような効率化が必要である．

(11) 実施コスト

コストには装置コストと人的コストがある．また始めの導入時にかかる導入コストとその後連続的に発生する運用コストがある．静止画用電子透かしの場合は，装置はパーソナルコンピュータなどを用いる場合が多く，その導入および運用コストが問題になる場合は少ない．人的コストとしては，画像に埋め込むIDの管理（どのIDがだれを指しているかの管理など），検査するべき画像の摘出などがある．人的コストの問題は，電子透かし単独ではなく，これを用いる不正防止システム全体の中で対処する必要がある．

6.2.3 周波数領域の電子透かし方式

(1) 画像の周波数表現

画像は周波数の異なる複数の余弦波の線形結合により表現される．一例として，代表的な周波数表現である離散コサイン変換（DCT：Discrete Cosign Transformation）について簡単に説明する．DCTでは，画像を8×8ピクセルなどのブロックに分割し，ブロックごとに周波数表現に変換する．ここでは，説明の分かりやすさのために一般論ではなく，8×8ピクセル単位での変換を説明する．8×8ピクセル画像の各ピクセルを $p(x, y)$（$0 \leq x < 8, 0 \leq y < 8$）とすると，そのDCTは下記の式で表される．このとき $F(m, n)$（$0 \leq m < 8, 0 \leq n < 8$）はDCTの係数である．

$$F(m,n) = \frac{2c(m)\,c(n)}{\sqrt{8\cdot 8}} \sum_{x=0}^{7}\sum_{y=0}^{7} \left\{ p(x,y) \cdot \cos\frac{(2x+1)\,m\pi}{2\cdot 8} \cdot \cos\frac{(2y+1)\,n\pi}{2\cdot 8} \right\}$$

$$(0 \leq m < 8,\ 0 \leq n < 8) \tag{6・3}$$

ただし，$c(m), c(n) = \dfrac{1}{\sqrt{2}}$ if $m, n = 0$

$c(m), c(n) = 1$ if $m, n \neq 0$

逆に元のピクセル$p(x, y)$は，$F(m, n)$を用いて以下の式で表される．

$$p(x,y) = \frac{2}{\sqrt{8\cdot 8}} \sum_{m=0}^{7}\sum_{n=0}^{7} F(m,n) \cdot c(m) \cdot c(n) \cdot \cos\frac{(2x+1)\,m\pi}{2\cdot 8} \cdot \cos\frac{(2y+1)\,n\pi}{2\cdot 8}$$

$$(0 \leq x < 8,\ 0 \leq y < 8) \tag{6・4}$$

式(6.4)の右辺のうち，$\cos\{(2x+1)\,m\pi/2*8\}\cos\{(2y+1)\,n\pi/2*8\}$は余弦波であり，画像$p(x, y)$ $(0 \leq x < 8,\ 0 \leq y < 8)$は余弦波の線形結合で表されることが分かる．また，画像のDCT係数$F(m, n)$は余弦波の振幅に相当することが分かる．

(2) 透かし埋め込み方法

周波数領域の電子透かしは，画像の成分となる余弦波の振幅および位相に微小な変更を加えることで情報を埋め込む．例えば，DCT領域の電子透かしにおいて，上式の$F(m, n)$を変更する．式(6.4)から分かるように，この変更は余弦波の振幅を変更することに相当する．

上記のように，DCT領域の電子透かしはDCTの基本的な枠組みを利用して，余弦波の振幅を変更するものが一般的である[25, 26, 27]．他の周波数表現，例えば，離散フーリエ変換やウェーブレット変換を用いた場合でも，同様に振幅の変更による電子透かしが可能である[28, 29]．振幅の変更以外に，離散フーリエ変換および離散コサイン変換を用いて位相を変更する電子透かしも報告されている[30]．

画像の成分のうち高周波成分（こまかい凹凸）は不可逆圧縮やフィルタリングによって除去される場合が多い．したがって，高周波成分ではなく，低あるいは中周波成分の振幅を変更する．例えば，DCT領域の振幅を変更する場合，$F(m, n)$のうちm, nが0～3程度のものが低周波成分であり，4～6程度が中周波成分であり，これらを変更する．

また，スペクトラム拡散を用いる方法もある[31]．この方法では，一つの周波数における振幅の大きな変更を，多数の周波数における振幅の小さな変更に変

換した後,画像に適用する.検出時には,逆変換を行って,一つの周波数における振幅の大きな変更を認識する.透かしの変更が多くの周波数成分に分散配置されるので,特定の周波数成分を削除するなどの画像処理に強くなる.

6.3 電子透かしの評価

電子透かしの評価とは,与えられた電子透かし方式の長所と短所および性能を明らかにする行為である.評価は,複数の電子透かし方式から用途に合う方式を選択する,方式を改良する,実用化にあたって問題がないかを確認する,などの目的で実施する.本節では,前節で説明した静止画用電子透かしを中心として評価の方法を述べる.

6.3.1 評価項目
前節で述べた電子透かしの課題がどれだけ達成されているかを評価する.評価項目は課題に対応した以下のものである.
 (a) 画像処理への耐性:どの画像処理にどこまで耐えるか.
 (b) 画質:透かしの埋め込みに伴って画質がどれだけ劣化するか.
 (c) 誤検出の防止:実施されている誤検出防止方法および誤検出率の予測値は妥当か.
 (d) その他(埋め込みビット数,部分切り出し,セキュリティ,運用性,処理時間,実施コスト)

6.3.2 画像処理耐性の評価
(1) 評価方法

透かし埋め込み画像に各種の画像処理を加えた後,挿入した情報の検出を試み,その成否を明らかにする.さらに詳細な情報が得られる場合には,正確に検出できたケースについては,検出値がしきい値をどの程度上回ったかを明らかにする.検出できなかった場合には,挿入情報のうちどのビットが検出できなかったかを明らかにし,検出値がしきい値をどの程度下回ったかを明らかにする.また,誤った値を検出した場合には,どのビットが誤ったか,その検出値がしきい値に対してどうであったかを明らかにする.これらのデータから当該方式の特性を推定する.

(2) 標準的な評価ツール

評価するべき画像処理の種類は電子透かしの用途によって異なるが，標準的な画像処理の種類を決めておけば公平な評価の基礎として利用できる．そのような公平なベンチマークに関して文献32),33）などの提案がある．また，一般に数10種類の画像処理について評価する上，サンプル画像および埋め込み情報も複数種類であるため，評価のための画像処理の手間が膨大である．そこで，透かし埋め込み画像を入力すれば，標準的な画像処理を施し，結果の画像を出力してくれるツールが望まれる．標準評価ツールの例としては文献17）がある．このツールは，現時点で，表6.4に示す90種類の画像処理を用意しており，透かし画像を入力すると90枚の処理画像を出力する．評価者は，これらの処理画像からの透かし検出をテストする．

表 6.4　標準評価ツール[17] における画像処理

部分切り出し（1辺99％～25％までの9段階）
縦横ラインの間引き（縦のみ，横のみ，両方など5種類）
左右反転
スケーリング（1辺1/2～2倍まで6段階）
縦横比の変更（0.8～1.2まで8段階）
回転して部分切り出し（角度および切り出し率の異なる16種類）
回転して部分切り出しおよびスケーリング（角度，サイズ，切り出し率16種類）
平行四辺形および菱形歪み（6種類）
一般の線形変換（3種類）
ランダム歪み
Gaussian フィルタリング
シャープ化
Median フィルタリング（3種類）
Laplacian Removal Attack
JPEG圧縮（圧縮率小～大まで12段階）
減色

6.3.3　画質の評価

以下に述べるようなさまざまな評価方法が提案されているが，一長一短があ

り，場合に応じて評価方法を使い分ける必要がある．

（1） 客観評価

PSNR（Peak Signal-to-Noise-Ratio）を用いる場合が多い[32]．PSNRは以下の式により算出する．

$$\text{PSNR} = 20 \cdot \log 10 \, (\text{Spp}/\text{Nrms})$$

$$\text{Nrms} = \text{sqrt}(1/N \cdot \sum_{i=1}^{N} (原画像のピクセル i 値 - 透かし埋め込み画像のピクセル i 値)^2)$$

Sppは，ピクセル値（例えば，輝度値）の最大振幅であり，ピクセル値を8ビットで表わす場合にはSpp＝255と考えてよい．Nは，原画像および透かし埋め込み画像のピクセル数である．Nrmsは，原画像と透かし埋め込み画像のピクセル値の平均2乗誤差である．

PSNRは，画像の信号量（Spp）を透かしによる変更量（Nrms）で割った値であり，この値が大きいほど画質劣化が少ないことになる．

客観評価は，評価者に左右されず，定量的評価が可能という長所があるが，評価値と人間にとっての画質劣化度合が必ずしも一致しないという問題がある．

（2） 主観評価

画質の主観評価については，テレビやプリンタを対象としてさまざまな方法が確立されている[34]．電子透かしにおける画質の良さとは，原画に比べて差がないことであり，その観点から適切な方法を選択する．例えば，下記のような方法が用いられている[12]．

・原画像と方式A透かし画像のペア（ペアA），原画像と方式B透かし画像のペア（ペアB）を，評価者に分からないようにランダムに並べる．
・各々のペアにおける原画像と透かし画像の近さを評価してもらい，点をつけてもらう．
・ペアAおよびBについて評価点の平均値を求める．
・以上を複数の評価者について実施し，各人の評価点の平均値を最終的な評価点とする．

図6.16は，図6.11の原画像に6.2.2（3）項の3つの透かし埋め込み方式（ランダム方式，マスキング効果に基づく方式，マスキング効果と輪郭認識に基づく方式）を適用した場合の，画質評価の結果例を示す．この例では，ピクセル

図 6.16 の説明：

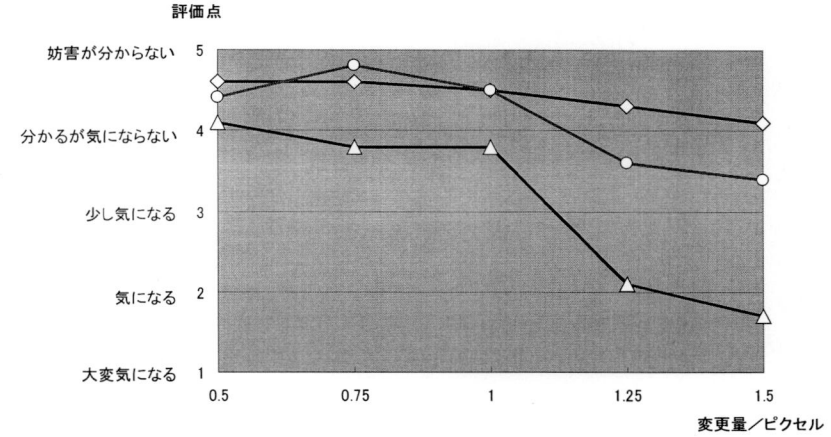

評価点
- 妨害が分からない 5
- 分かるが気にならない 4
- 少し気になる 3
- 気になる 2
- 大変気になる 1

横軸：変更量／ピクセル（0.5, 0.75, 1, 1.25, 1.5）

△ ランダム方式　○ マスキング効果　◇ マスキング効果と輪郭認識
(注) 図 6.11 の原画像に 3 方式の透かし埋め込みを適用した場合の画質評価

図 6.16　画質評価の結果例[12]

値の変更量が小さいとき（0.75 以下）にはマスキング効果が最高になる場合もあるが，ほとんどの場合には，マスキング効果と輪郭認識の併用が最高であり，ランダム方式は最も劣るという結果になっている．

主観評価は，人間にとっての画質劣化度合を判定できるが，評価者や評価環境に結果が左右されるという問題がある．

（3）信頼できる主観評価への帰着

評価者や評価環境による揺らぎの問題を解決するために，広く認知された主観評価結果に帰着させる方法が提案されている．例えば，JPEG 圧縮においては，圧縮パラメータと人間にとっての画質劣化度合との関係が充分に評価され，広く認知されている．そこで，これを基準とし，以下のように評価する[32]．

（a）　JPEG 圧縮の PSNR と電子透かしの PSNR を比較し，電子透かしが JPEG のどのパラメータでの圧縮に相当するかを見積もる．

（b）　JPEG の当該パラメータにおける画質劣化度合（主観値）をもって，電子透かしの画質劣化度合とする．

上記の方法は，人間にとっての画質劣化度合を判定でき，しかも，評価者や評価環境による揺らぎはない．

6.3.4 誤検出防止の評価

6.2.2 (4) 項で述べたように，誤検出の防止では，ガウス分布などの確率モデルを前提として，検出方法と誤検出確率の関係を数学的に分析し，誤検出確率が許容値以下となるように検出方法を設定する．そこで，誤検出防止の評価では，前提となる確率モデルおよび数学的分析の正しさを確認することが中心となる．これは論理的検証と実験的検証により実施する．

（1） 論理的検証

ガウス分布などの確率モデルを前提とした上で，設定した検出方法では誤検出の確率が所定の値より小さくなることを論理的に検証する．

（2） 実験的検証

実際の画像からデータを採取し，前提とした確率モデルの確認および，誤検出率の確認を行う．例えば，輝度の評価値を多数収集し，その度数分布が前提とした確率モデルに一致するかを検証する[9,13]．また，多数の検出結果を集積し，誤検出率（誤検出回数／総検出回数）が理論値に一致するかを確認する．

6.3.5 その他の評価

（1） 埋め込みビット数

被評価者の申告した埋め込みビット数が真実であるかを確認する．申告したビット数のランダムな情報を埋め込み，各々の検出を確認する．

（2） 部分切り出し

さまざまなサイズの部分画像から検出を試み，情報が正確に検出できるサイズの下限値を明らかにする．

（3） セキュリティ

電子透かし自体のセキュリティと電子透かしを用いたシステムのセキュリティを評価する．電子透かし自体のセキュリティについては，透かし方式の推定，透かしの除去，改ざん，悪用について，6.2.2 (8) 項で述べた観点から分析する．電子透かしを用いたシステムのセキュリティについては，第7章で述べるシステムセキュリティ評価を行う．

（4） 原画像の不要性

検出における原画像の不要性について，幾何変換などの複雑な画像処理に対

（5） 処理時間
時間を測定すると共に，画像サイズなどのパラメータとの関係を明らかにする．

（6） 実施コスト
埋め込み情報の管理（埋め込んだIDがだれを指しているかの記録など），検査すべき画像の収集などの人的コスト，ハードウェアなどの装置コストを見積もる．

６．４　その他のメディアへの電子透かし技術と応用など

6.4.1　動画用電子透かし
（1）　計算機における動画の表現
計算機内での動画の表現には，静止画の場合と同様に，ピクセル表現と周波数表現があり，各々の表現に対して電子透かし方式が提案されている．また，動画はデータ量が膨大であるため，圧縮した状態で扱われることが多く，圧縮状態を前提とした電子透かし方式も多い．そこで，本項では動画のピクセル表現と周波数表現および，代表的な圧縮方式であるMPEGについて説明する．

（a）　ピクセル表現
動画を時間軸上で連続する複数の静止画（フレーム）により構成し，各々のフレームを，静止画の場合と同様にピクセルの配列で表現する．

（b）　周波数表現
動画を複数のフレームにより構成し，各々のフレームを，静止画の場合と同様に周波数の異なる余弦波の重ね合わせで表現する．

（c）　圧縮表現
動画の圧縮方式にはMPEG1，MPEG2，MPEG4の３つの標準規格がある．図6.17に，現在多用されているMPEG1およびMPEG2の基本的なデータ構造を示す[35]．Ｉピクチャ（Intra-coded picture）はフレームをJPEGと同様の方法で圧縮したものである．Ｐピクチャ（Predictive-coded picture）は，Ｉピクチャまたは他のＰピクチャを基準とし，それとの差分情報で表す．Ｂピクチャ（Bidirectionally predictive-coded picture）は前後のピクチャからの補間

| B | I | B | B | B | P | B | B | P | B | B | B | I | B |

図 6.17　MPEG1および2の基本データ構造[34]

画像を基準画像とし，それとの差分情報で表す．PおよびBピクチャの差分情報を求めるにあたっては，差分が最小になるように基準画像を前もってシフトする．そこで，PおよびBピクチャでは，差分情報以外に，基準画像をどのようにシフトしたかを表す動きベクトルを記憶する．

以下では，上記の3つの表現における電子透かしを説明する．

（2）　ピクセル領域の電子透かし

動画の構成要素である各々の静止画に対し，6.2.2項で述べたピクセル領域の電子透かし方式を適用することで情報を埋め込む．例えば，ピクセルの輝度を変更する．静止画用電子透かしとの相違を以下にあげる．

（a）　画像処理への耐性について

動画に固有の画像処理を行った後でも，情報を正確に検出できる必要がある．動画固有の処理としては，複数のフレームにまたがるもの（時間軸上の処理）がある．代表的なものは上記のMPEG圧縮であり，そこではPおよびBフレームを前後のフレームとの差分で表している．また，動画用の画像フィルタには，ピクセルの輝度や色の値を，同じフレーム内の周囲のピクセルだけでなく，前後のフレームのピクセルに依存して変更するものがある．さらに，テレビと映画では1秒あたりのフレーム数が異なるため，両者の変換はフレームの間引きおよび水増しを含み，これも時間軸上の処理となる．

（b）　画質劣化の防止について

動画に固有の画質劣化としてはチラツキの問題がある．透かしの強度をフレームの内容に依存して加減する方式では，連続するフレーム間で透かし強度が不連続に変わる場合がある．その結果，個々の静止画では透かしが見えなくても，動画としてはチラツキが生じる．そこで，各々のピクセルにおける透かしの強度（変更量）が，フレーム間で不連続に変化しないように，透かしの強度を調整する方式が提案されている[36]．

（c）　誤検出防止

動画は一般に数分から数時間の長さであるが，透かし検出は数秒から数分に

1回実施される．そのため，一つの動画における透かしの検出回数が多く，回数に比例して誤検出の発生率が増加する．そこで，個々の検出における誤検出確率を非常に小さくする必要があり，静止画に比べて基本的な要求が厳しい．

（d） 処理時間

動画は，1秒あたり数10枚の静止画（フレーム）から構成されている．そのため，基本的には，それだけの静止画に対して透かしの埋込みおよび検出処理を行う必要があり，処理量が膨大となる．したがって，単純な静止画（1枚の静止画）の場合に比べて，処理時間にかかわる要求は格段に厳しい．

（3） 周波数領域の電子透かし

動画の構成要素である各々の静止画に対し，6.2.3項で述べた周波数領域の電子透かし方式を適用することで情報を埋め込む．例えば，余弦波の振幅を変更する[37]．ここでも，上記（2）項で述べたような動画に固有の対策が必要である．

（4） 圧縮領域の電子透かし

動画はデータ量が大きいため，転送や録画をMPEG圧縮した状態で行う場合が多い．透かしの埋込みや検出が非圧縮状態（圧縮されていない状態）でしか行えないと，透かし処理の前後に伸長および再圧縮が必要になり，処理時間や実施コストが増加する．そのため，MPEG圧縮された状態に直接適用可能な透かし方式が重要である．

MPEGでの透かしは，I，PおよびBピクチャ（すなわち個々のフレーム）に埋め込む方法[37,38]と動きベクトル（すなわちフレーム間の関係）に埋め込む方法[39,40]がある．I，PおよびBピクチャへの埋め込みは，静止画におけるDCT領域への埋め込みと類似の方法を用いる．例えば，埋め込みたいビットの値（0または1）に応じて，余弦波の振幅に2種類の変更を加える[37]，余弦波の振幅の低位ビットを埋め込みたいビットで置換する[38]などの方法がある．一方，動きベクトルを変更する方式は，個々のフレームを変更するのではなく，フレーム間の関係を変更する[39,40]．その結果，動画としての見え方，例えば，車窓から見える景色の移動の仕方に微小な変化が生じる．

6.4.2 音楽・音声用電子透かし

(1) 音楽・音声の特徴

音楽・音声の電子透かしには，音楽を対象にするものと電話などの音声を対象にするものがある．両者は共通の原理で実現可能であるが，音楽用電子透かしの方が音質劣化防止の要求が格段に厳しい．ここでは，著作権保護の観点からより重要な音楽用電子透かしを取り上げる．

音楽データには，音楽信号を標本化および量子化した生のデジタルデータ（標本表現）と，それを余弦波の線形結合で表現したデータ（周波数表現）があり，各々の領域での電子透かしが可能である．

(2) 電子透かしの方式

標本領域の電子透かしには，微弱な雑音を重畳するタイプ[4,9,41]とエコーを加えるタイプ[42]がある．雑音重畳型では，埋め込み情報に対応した雑音を重畳する．検出時には，重畳された雑音を抽出し，これを分析することで埋め込み情報を取り出す．雑音重畳型の最も基本的な方法は，画像の場合と同様に，標本データの低位ビットを埋め込み情報のビットで置き換える方法であるが，音響処理への耐性が低い[9]．そこで，耐性を向上するために，多重化[9]，マスキング効果を利用して音楽のうちの雑音が目立ちにくい部分で雑音強度を大きくする方法[4,41]および，スペクトル拡散によって広帯域化された雑音を用いる方法[9]などが提案されている．エコー付加型の方式では，埋め込み情報のビット値に応じた2種類のエコーを付加し，検出時にはエコーの種類を識別することで情報を取り出す[42]．

周波数領域の電子透かしには，位相を変更するタイプ[9]と振幅を変更するタイプ[43]がある．位相変更型では，埋め込み情報の値に対応して位相を変更する．振幅変更型では，振幅を直接変更すると音質が劣化するので，スペクトル拡散を用いノイズ化して変更を加える．例えば，音楽データをスペクトル拡散し，埋め込み情報に対応した振幅変更を特定周波数に加えた後，逆拡散を行う．逆拡散の結果，音楽データが復元されると共に，付加した変更はノイズ化される[43]．スペクトル拡散の利用は，音響処理耐性を向上する点でも有効である．

(a) 音響処理への耐性

音楽用電子透かしは，各種の音響処理への耐性を持つ必要がある．音響処理

には，通常の音楽配信で用いられる音響処理（MPEG-AUDIOなどの不可逆圧縮，フォーマット変換，D/A/D変換など），不正コピー者が行う音響処理（フィルタリング，部分切り出しなど）および，伝送過程で加わる雑音や歪みがあり，これらに耐える必要がある[44]．耐性を持たせるためには，上述のように，目立ちにくい部分での透かし強度を増大したり，スペクトル拡散を利用する．

　（b）　音質劣化防止

　電子透かし埋込みによる音質劣化の防止には，人間の聴覚特性を利用する．例えば，周波数の近い大きい音と小さい音を同時に入力すると，小さい音は聞こえにくいという周波数マスキング効果および，大きい音の直前直後の小さい音は聞こえにくいという，時間軸マスキング効果を利用して，透かしの強度を調節する[4,41]．前述のエコー付加方式は，時間軸マスキング効果を利用している[42]．また，位相変更型方式は，振幅の変更に比べ位相の変更への感度が低いという聴覚特性を利用している[9]．

6.4.3　テキスト用電子透かし

　（1）　テキストの特徴

　電子透かしの立場からテキストは以下の3種類に分類できる．

　（a）　純テキスト

　文字や記号の識別子（文字コード）のみからなる．

　（b）　構造化文書

　文字や記号以外に，その処理や表示のための関連情報を含む．ワードプロセッサのデータ，HTML文書，電子本などがある．構造定義データ，文書整形データやレイアウトデータなど純テキストにはない付加データが存在する．

　（c）　プログラム

　ソースコード，オブジェクトコード，マクロコードなどがある．

　（2）　電子透かしの方式

　（a）　純テキストへの電子透かし

　純テキストには冗長性がまったくないため，人間が認識できないように透かしを埋め込むことは不可能である．そこで，認識可能だが，できるだけ気にならないように透かしを埋め込む．その方法として，文章の中の単語を類義語で置き換えるなどの方法が提案されている[45]．

(b) 構造化文書への電子透かし

文書定義の冗長性を利用する方法と文書の表示および印刷形態を微小変更する方法がある．冗長性を利用する方法は，文書データが異なっていても，画面への表示，印刷結果，編集コマンドへの反応などが同じであれば人間にとっては同じ文書であるという考えに基づく．そして，人間にとっての同一性を保ちながら文書定義を変更することで情報を埋め込む[46]．

文書の表示および印刷形態を微小変更する方法では，行間隔や単語間隔の変更[47]，単語単位の上下シフト[48]，文字のサイズや角度の変更[49]などが提案されている．これらの変更は，人間に認識できない範囲，または認識できたとしても気にならない範囲とする．

テキストでは，電子的な配布以外に印刷して紙で配布する場合も多い．印刷形態を微小変更する透かしは，印刷された紙の上にも情報が残存している．しかも，この透かしを紙の上で除去するには手間がかかる．したがって印刷形態の微小変更は紙配布の場合にも有効である．

(c) プログラムへの電子透かし

構造化文書の場合と同様に，異なるプログラムで同じ処理を表現することができる．この冗長性を利用して透かしを埋め込む方法がある[50]．また，無意味な処理を組み込むことで透かしを埋め込む方法もある[51,52]．

6.4.4 電子透かしの応用例

(1) 著作権の主張および不正者の特定[53]

電子透かしによりコンテンツに著作権者および配布先のIDを埋め込む．不正コピーされたコンテンツを回収したときに，そこからIDを検出し，著作権の証明および不正者の特定を行う．少なくとも40ビット程度の埋込みが必要である．この応用は不正の摘発を目的とするために，他の応用以上にセキュリティ対策が重要である．6.2.2（8）項で述べた鍵の利用などさまざまな対策が必要である．

(2) 著作権者の問合せ

著作権の不明確なコンテンツを利用する場合，多くの利用者は著作権者に問い合わせたいと考えるであろう．この問合せを可能にするために，コンテンツに著作権者のIDを埋め込む．利用者はコンテンツからIDを抽出し，IDを介して

著作権者に問い合わせる．埋め込むべきIDのビット数は著作権者の数に依存するが，一般に20ビット程度は必要である．

この応用では，不特定多数の利用者が透かしを検出することからセキュリティ上の課題が生じる．まず，不特定利用者は鍵を持たないため，鍵に依存する方法は使えない．また，検出システムを一般配布するため，逆アセンブリなどで透かし方式が推定される可能性がある．これらの条件下でのセキュリティ対策が必要である．

（3） デジタルカメラへの応用[54,55]

デジタル写真にカメラのIDや日付を埋め込む．また，デジタル写真の改ざん検知を目的として，写真の特徴量などの改ざん検知コードを埋め込む場合がある．デジタルカメラに内蔵されたCPUは，パーソナルコンピュータのCPUなどに比べて処理能力が低く，メモリは少ない．そこで，計算量や所要メモリの小さい方式が必要である．また，改ざん検知に用いる場合には，デジタル署名などのセキュリティ技術との組み合わせが必要である．

（4） DVD機器制御への応用[56]

DVDに格納された映画などの動画を保護するために，コピーの禁止や回数制限などの制御情報を埋め込む．DVD装置で透かしの検出を行い，録画処理の停止などの制御を行う．また，録画の制御以外に，透かしの種類と媒体の種類の整合性に基づいて，不正コピーされた海賊版を検知し，再生停止などの制御も行う．

（5） サイバースペースのマークシステム[57]

図形マークは，情報を簡潔に表現するのが可能なコミュニケーション手段であり，物理世界では，交通標識，カード会社のマークなどさまざまな用途で利用されている．しかし，電子世界では，図形マークは単なる画像データであるため，不正コピー，改ざんおよび偽造が容易であり，安心して利用できない．例えば，社会的信用のある会社のマークをコピーして，自分で作成したWebページに貼り付け，あたかもその会社のページであるかのように見せるという不正行為が考えられる．また，所定の評価基準を満たした会社にだけ交付される推薦マークを偽造し，表示するなどの不正行為もある．

そこで，マークに信頼性を持たせるために，電子透かしを利用する方法が提

案されている．図6.18はWebページに推薦マーク（インターネットマークと呼ぶ）を添付する場合の電子透かしの利用を示す．推薦マークの発行者は，Webページの内容を審査した後，マークの素材となる画像，Webページの内容，Webサイトのアドレスなどに対してデジタル署名を生成する．これを素材画像に埋め込んで推薦マークとする．デジタル署名の効果により，マークおよびWebページの改ざん，別のWebページへのマークの貼替え，別のWebサイトへのWebページの移替えを検知可能である．デジタル署名はビット数が数百から数千ビットである．そこで，この応用では，小サイズのマークに多くのビットを埋め込むことが課題となる．

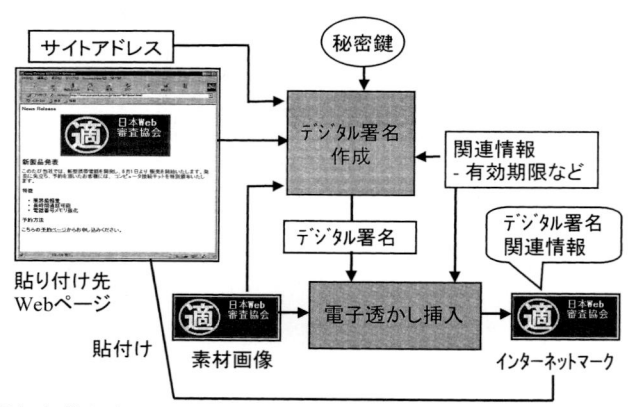

（注）網掛けブロックは処理，その他のブロックはデータを示す．日本Web審査協会は架空のものであり，現実のいかなる協会とも無関係である

図6.18 Webページ推薦マークへの応用例[59]

参 考 文 献

1) 小西良弘，二宮祐一：『画像の帯域圧縮と符号化技術』，日刊工業新聞社，pp.42-45 (1994).
2) M.D. Swanson, B. Zhu, A.H. Tewfik : Transparent Robust Image Watermarking, *Proceedings of International Conference on Image Processing*, Vol.3, pp.211-214, Lausanne (1996).
3) J.F. Delaigle, C. De Vleeschouwer, B. Macq : Watermarking Algorithm based on a Human Visual Model, *Signal Processing*, Vol.66, pp.319-335 (1998).
4) L. Bony, A.H. Tewfik, K.N. Hamdy : Digital Watermarks for Audio Signals, *IEEE*

Proceedings of the International Conference on Multimedia Computing and Systems, Session 17, pp. 473-480 (1996).
5) A. Rosenfeld, A. C. Kak：『ディジタル画像処理』, 長尾　真（監訳）, 近代科学社, pp. 48-49 (1978).
6) 松井甲子雄, 中村康弘, ナタウット・サムパイブーン：音声通信への文字情報の埋込み, 第18回情報理論とその応用シンポジウム, SITA'95, C-4-3, pp. 389-392(1995).
7) 松井甲子雄：『電子透かしの基礎』, 森北出版, p.102(1998).
8) 小池範行, 松本　勉, 今井秀樹：ディジタル画像の著作権保護方式, 1993年暗号と情報セキュリティシンポジウム, SCIS93-13C (1993).
9) W. Bender, D. Gruhl and N. Morimoto：Techniques for Data Hiding, *Proceedings of SPIE*, Vol. 2420, pp.164-173, California (1995).
10) I. Pitas：A Method for Signature Casting on Digital Images, *Proceedings of 1996 International Conference on Image Processing*, Vol.3, pp.215-218 (1996).
11) 清水周一, 沼尾雅之, 森本典繁：ピクセルブロックによる静止画像データハイディング, 情報処理学会第53回全国大会, 1N-11, pp.2/257-2/258 (1996).
12) 越前　功, 吉浦　裕, 安細康介, 田口順一, 黒須　豊, 佐々木良一, 手塚　悟：輪郭保存に基づく電子透かしの画質維持方式, 情報処理学会論文誌, Vol.41, No.6, pp.1828-1839 (2000).
13) 上條浩一, 小林誠士, 清水周一：近傍ピクセルの性質を用いたデータハイディング－付加情報埋め込みと抽出－, 情報処理学会第56回全国大会, 1V-2, pp.3/35-3/36 (1998).
14) 今井秀樹：『符号理論』, 電子情報通信学会 (1990).
15) J. J. K. ORuanaidh, T. Pun：Rotation, Scale and Translation Invariant Spread Spectrum Digital Image Watermarking, *Signal Processing*, Vol. 66, pp.303-317 (1998).
16) J.R. Hernandez, F. Perez-Gonzalez：Shedding More Light on Image Watermarks, Proceedings of the Second International Information Hiding Workshop, *Lecture Notes in Computer Science 1525*, Springer-Verlag, pp.191-207 (1998).
17) F. A. P. Petitcolas and M. G. Kuhn：StirMark 3.1, http://www.cl.cam.ac.uk/~fapp2/watermarking/stirmark/ (1999)
18) 松井甲子雄：『電子透かしの基礎』, 森北出版, p.40(1998).
19) D. Boneh, J Shaw：Collusion-Secure Fingerprinting for Digital Data, *Advances in Cryptology-Proceedings of CRYPTO'95*, pp.452-465 (1995).
20) H. Watanabe, T. Kasami： A Secure Code for Recipient Watermarking against Conspiracy Attacks by All Users, Proceedings of 1997 Information and Communications Security, *Lecture Notes in Computer Science 1334*, Springer-Verlag, pp.415-423 (1997).
21) F. Ergun, J. Kilian, R. Kumar：A Note on the Limits of Collusion-Resistant Watermarking, Advances in Cryptology－EUROCRYPTO'99, *Lecture Notes in Computer*

　　　　　 Science 1592, pp. 140-149 (1999).
22) B. Pfitzmann, M. Schunter : Asymmetric Fingerprinting, *Advances in Cryptology-Proceedings of EUROCRYPTO'96*, pp. 84-95 (1996).
23) H. Yoshiura, R. Sasaki, K. Takaragi : Secure Fingerprinting Using Public-Key Cryptography, Proceedings of 1998 Cambridge International Workshop on Security Protocols, *Lecture Notes in Computer Science 1550*, Springer-Verlag, pp. 83-94, Cambridge (1999).
24) 岩村恵一，櫻井幸一，今井秀樹：2次配布に対して安全な電子透かしシステム，暗号と情報セキュリティシンポジウム論文集 SCIS'98-10.2.F, 静岡 (1998).
25) I. J. Cox, J. Kilian, T. Leighton, T. Shamoon : A Secure, Robust Watermark for Multimedia, Proceedings of the First International Information Hiding Workshop, *Lecture Notes in Computer Science 1174*, Springer-Verlag, pp. 183-206 (1996).
26) G. C. Langelaar, J. C. A. Lubbe, R. L. Lagendijk : Robust Labeling Methods for Copy Protection of Images, *Proceedings of SPIE*, Vol. 3022, pp. 298-309, California (1997).
27) E. Koch and J. Zhao : Toward Robust and Hidden Image Copyright Labeling, *Proceedings of Workshop on Nonlinear Signal and Image Processing*, pp. 452-455, Greece, June (1995).
28) 松井甲子雄：『電子透かしの基礎』，森北出版，pp. 61-76(1998).
29) 酒井康行，石塚裕一，櫻井幸一：著作権保護のためのウェーブレット変換を用いた電子透かし方式の安全性評価，情報処理学会論文誌，Vol. 38, No. 12, pp. 2640-2647 (1997).
30) J. J. K. ORuanaidh, W. J. Dowling, F. M. Boland : Phase Watermarking of Digital Images, *Proceedings of 1996 International Conference on Image Processing*, Vol 3, pp. 239-242 (1996).
31) 大西淳児，松井甲子雄：多重解像度解析とPN系列を利用した電子透かし法，電子情報通信学会論文誌，D-2, Vol. J80-D-2, No. 11, pp. 3020-3028(1997).
32) 苗村憲司 (編)：『電子透かし技術に関する調査報告書』，日本電子工業振興協会 (1999).
33) M. Kutter, F. A. P. Petitcolas : Fair Benchmark for Image Watermarking Systems, *Proceedings of Electronic Imaging '99, Security and Watermarking of Multimedia Contents*, vol. 3657, pp. 226-239 (1999).
34) 井上正之，長谷川敬，三橋哲雄，鏑沢　勇：テレビジョン画像の評価技術，in 宮川　洋 (監修)，テレビジョン学会 (編)：『テレビジョン画像の主観評価とデータ処理』，コロナ社 (1986).
35) 安田　浩：『マルチメディア符号化の国際基準』，丸善 (1991).
36) I. Echizen, H. Yoshiura, T. Arai, H. Kimura, T. Takeuchi : General Quality Maintenance Module for Motion Picture Watermarking, *IEEE Transaction on Consumer Electronics*, Vol. 45, No. 4, pp. 1150-1158 (1999).
37) 小川　宏，中村高雄，高嶋洋一：DCTを用いたデジタル動画像における著作権情報埋め

込み方法, 暗号と情報セキュリティシンポジウム論文集 SCIS'97-31G, 福岡 (1997).
38) 鈴置昌宏, 渡辺 創, 嵩 忠雄:デジタル動画像に対する著作保護の一手法―不正コピーを行ったユーザを特定する方法―, 電子情報通信学会情報セキュリティ研究会報告 ISEC95-47, pp.13-18 (1996).
39) 中沢英徳, 小館亮之, ジェフモリソン, 富永英義:MPEG2 における「ディジタル透かし」の利用による著作権保護の一検討, 暗号と情報セキュリティシンポジウム論文集 SCIS'97-31D, 福岡 (1997).
40) 木下真樹, 稲葉宏幸, 笠原正雄:ビデオ画像に適した署名埋め込み法, 暗号と情報セキュリティシンポジウム論文集 SCIS'97-31F, 福岡 (1997).
41) M. D. Swanson, M. Kobayashi, A. H. Tewfik : Multimedia Data-Embedding and Watermarking Technologies, *Proceedings of the IEEE*, Vol.86, No.6, pp. 1064-1087, June (1998).
42) D. Gruhl, A Lu, W. Bender : Echo Hiding, Proceedings of the First International Information Hiding Workshop, *Lecture Notes in Computer Science 1174*, Springer-Verlag, pp. 295-316 (1996).
43) 岩切宗利, 松井甲子雄, スペクトラム拡散と変形離散コサイン変換による高品質デジタル音声のための電子透かし法, 情報処理学会論文誌, Vol.39, No.9, pp.2361-2637 (1998).
44) MUSE Project : Request for Proposals: Embedded Signalling Systems Issue 1.0, June (1997).
45) 中川裕志, 小俣裕介, 松本 勉, 村瀬一郎:テキストへの情報ハイディング方式の提案と評価実験, 暗号と情報セキュリティシンポジウム論文集 SCIS'99, T2-2.5, pp.527-532, 兵庫 (1999).
46) 渋谷竜二郎, 楫 勇一, 嵩 忠雄:PostScript 及び PDF 文書に対するデジタル透かしの提案, 暗号と情報セキュリティシンポジウム論文集 SCIS'98-9.2.E, 静岡 (1998).
47) J. Brassil, S. Low, N.F. Maxemchuk, L. O'Gorman : Electric Marking and Identification Techniques to Discourage Document Copying, *Proceedings of IEEE INFOCOM'94*, Vol.3, pp. 1278-1287 (1994).
48) J. Brassil, L. O'Gorman:Watermarking Document Images with Bounding Box Expansion, Proceedings of the First International Information Hiding Workshop, *Lecture Notes in Computer Science 1174*, Springer-Verlag, pp.227-235 (1996).
49) 中村康弘, 松井甲子雄:著作権保護のための電子文書のハードコピーへの署名の埋め込み, 情報処理学会論文誌, Vol.36, No.8, pp.2057-2062 (1995).
50) 廣瀬直人, 岡本栄司, 満保雅浩:ソフトウェア保護に関する一考察, 暗号と情報セキュリティシンポジウム論文集 SCIS'98-9.2.C, 静岡 (1998).
51) 門田暁人, 飯田 元, 松本健一, 鳥居宏次, 一杉裕志:プログラムに電子透かしを挿入する一手法, 暗号と情報セキュリティシンポジウム論文集 SCIS'98-9.2.A, 静岡 (1998).

52) 北川　隆，樮　勇一，嵩　忠雄：JAVAで記述されたプログラムに対する電子透かし法，暗号と情報セキュリティシンポジウム論文集 SCIS'98-9.2.D，静岡(1998).
53) 吉浦　裕，金野千里，黒須　豊：電子透かしとその応用，日立評論，Vol. 80, No. 7, pp. 15-20 (1998).
54) 原野紳一郎，吉浦　裕，小辰信夫，森藤　元，黒須　豊：ディジタルコンテンツのセキュリティおよび著作権保護技術とその応用，日立評論，Vol. 81, No. 6, pp. 43-48 (1999).
55) 森藤　元，安細康介，吉浦　裕，金野千里：著作権保護機能付きディジタルカメラの試作，コンピュータセキュリティシンポジウム'99論文集，pp. 273-276, 石川(1999).
56) 森本典繁：電子透かし技術の応用，映像情報メディア学会誌，Vol. 53, No. 10, pp. 1374-1377 (1999).
57) H. Yoshiura, S. Susaki, Y. Nagai, T. Saitoh, H. Toyoshima, R. Sasaki and S. Tezuka: INTERNET-MARKs: Clear, Secure, and Portable Visual Marks for the Cyber Worlds, 1999 Cambridge International Workshop on Security Protocols, in *Lecture Notes in Computer Science 1796*, Springer-Verlag, pp. 195-207, Cambridge (2000).

第7章
セキュリティ技術の応用

本章では，暗号を中心とするセキュリティ技術が，現実にどのように使われているかを述べる．

7.1 電子商取引におけるセキュリティ技術

7.1.1 電子商取引の概要

インターネットの世界的な普及に伴い，インターネットを利用した多種多様なビジネスが提案されるようになった．特に，図7.1に示すように，企業-消費者間電子商取引(EC : Electronic Commerce)や企業-企業間ECはその代表的なものであり，社会の仕組みとして認知されつつある．また，その取引は図7.2に示すように今後急速に増大していくことが予想される．このように，インターネットは，オープンでかつグローバルなネットワーク環境を提供し，高度情報化社会を構築するものと期待されているが，これらの環境を実現するためには，インターネットに接続されたシステムや情報の保護を目的とした高度なセキュリティ技術を駆使したセキュリティセントリックシステム(Security Centric System)が必要不可欠である．

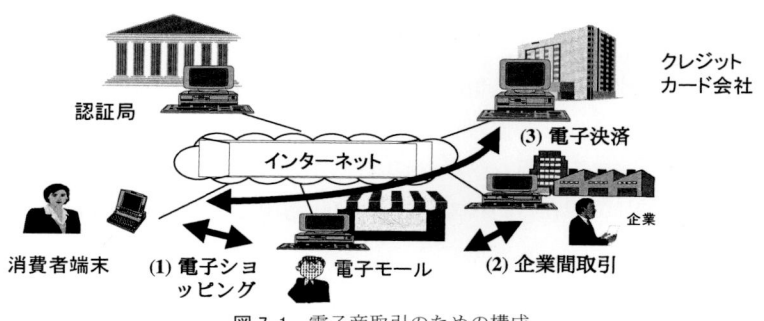

図 7.1 電子商取引のための構成

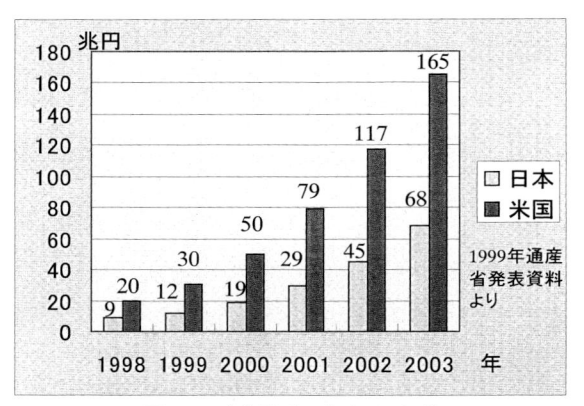

図 7.2 企業間電子商取引の規模

　暗号を基盤としたセキュリティ技術は，公開鍵暗号ベースのデジタル署名を用いた認証技術により，データの改ざんやなりすましの防止さらに安全な鍵の配布を実現している．一方，インターネット上のデータの安全性を確保するためには，専用線と変わらない安全性が要求される．さらにはこれらの基盤技術を駆使して電子認証・公証システムや企業間 EC などの応用システムの研究開発が，現在盛んに行われている[1]．

7.1.2 商取引の現状と電子商取引の意義

　現在の企業などを取り巻く環境を考えた場合，経営のグローバル化が叫ばれ，これにより多方面にわたって，世界的規模での商取引が行われているのが現状である．このような環境におかれた企業にとっては，いかに素早く自社の商品や製品の販売，その逆の他社の商品や製品の購入をすることができるかが，企業の存亡にかかわってくる．

　このように，世界の隅々までをカバーしたスピードのある経営を行うためには，インターネットなどの情報システム技術を駆使した電子商取引を構築確立し，瞬時にビジネスを世界レベルで展開していく機動力が必要になる．

　以下に具体的に，現在行われている電子商取引のいくつかを紹介する．

（1）電子書店

　従来の書店は，お店を出し，本を卸売業者などから購入し，それをお店に並べて，はじめて商売を始めることができた．ここでは，商売を始める前に，出

店や本の購入に手元資金が必要であり，また売り上げも出店数や本の数の多さにかなり依存するもの，つまり物理的な制約条件により，だれでも簡単にビジネスができるものではなかった．

これに対し，インターネットを利用した電子書店では，インターネットに接続している世界中の購入者をお客にすることができると共に，出店や本の在庫を持つ物理的な制約から解き放たれ，インターネットで購入者からの注文を受けてから，本の発注処理を始めればよい．したがって，商売を始める前は，電子商取引を実現するための電子書店となる Web サーバとそのシステムに必要な手元資金だけでよく，だれでも簡単にビジネスに参入できる．

実際に，上記方法で本の販売ビジネスに新規に参入し，成功した例としては，アマゾン・コム (AMAZON.COM) が有名である．

（2） 電子予約

航空会社の顧客獲得競争は，激烈を極めている．実際に，各社は顧客の囲い込みのためにマイレージなどの顧客サービスを実施し，他社との差別化を図っている．このような状況においても，インターネットをいち早く利用し，顧客に対し航空機の座席予約情報を提供したり，予約できたりするシステムを構築した航空会社が存在する．

具体的には，従来は，旅行会社などに座席の予約をお願いしていたので，必ずしも最適な座席を予約できなかったのみならず，時間的にすぐの予約はなかなか難しかった．これに対し，予約センターのシステムを上記のようにインターネットを利用して変えることによって，利用者は自宅やオフィスなどのコンピュータから，居ながらにして座席の予約状況を把握し，自分に合った最適なものを選ぶことができる．以上により，顧客に対するサービスの向上が図れ，売り上げがあがる．

実際には，上記方法で最初に航空機の予約サービスを導入した会社としては，アメリカンエアラインが有名である．

（3） 電子物流

顧客からの配送品を取り扱うビジネスは，現在においては，米国のオフィスから1日で日本のオフィスに届くまでに効率化されている．このような驚くべき配送システムは一夜にしてできたものではなく，長い年月と経験の積み重ねに負うところが多い．しかし，物流システムの面からすると，単に米国と日本

の間を結ぶ専用の飛行機を所有すればすむように思えるが，ここにも，インターネットを利用した顧客に対するサービスが，非常に効果を生んでいる．

具体的には，航空機の座席予約と同じように，利用ユーザが配送したいものがあると，自宅やオフィスなどのコンピュータから，発送伝票を入力するだけで，後は物理的な配送システムで，配送品を取りに来て，相手先に届ける．さらに，この過程において，今自分の配送品がどこにあり，どのような状態であるかを瞬時に知ることが可能であるのも，インターネットを利用したシステムのなせる業である．これにより，顧客サービスは飛躍的に向上した．

実際に，上記方法で売り上げを驚異的に伸ばしている会社としては，フェデラルエクスプレスが有名である．

（4） 電子政府など公共機関における取引の増加[1]

日本では，1997年以来，特許庁の電子出願など，行政への申請・届出の電子化プロジェクトが数多く見られる．また，2003年を目標に行政手続きがネットワークで行えるような電子政府の構想の検討が進んでおり，今後，図7.3に示すような形でサービスが実施されるものと予想される．

行政・公共分野の電子化には，（a）政府と企業や（b）政府と住民，あるいは（c）行政内部の省庁，各種機関の間の電子化などが含まれる．またその内容も，

・行政事務のペーパーレス化
・調達の電子化
・情報公開／提供サービス
・行政への個人あるいは企業からの各種申告・届出の電子化，ワンストップサービス化

など多岐にわたる．これらの活動は，行政事務の効率向上につながるだけではない．手続きの不透明性をなくし，サービスの質的向上をもたらし，さらには行政改革にもつながる可能性を持っている．

なお，電子商取引の形態は今後急速に高度化することが予想されるのでここで書いたような内容はすぐに古くなっていくであろう．

7.1.3 電子商取引の課題と取り組み

電子商取引は，前項のように，発展してきているが，まだまだ課題は多いと

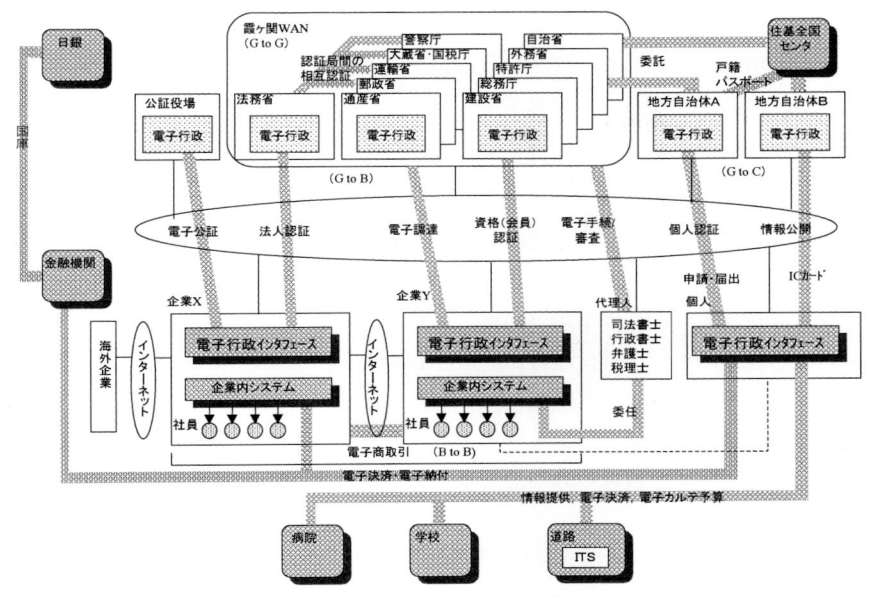

図 7.3 新たな行政サービスの枠組み

思われる．どのような点について，配慮していけばよいかを，以下にまとめてみる．

（1） 電子商取引での魅力ある商品

前項でも，いくつかの電子商取引における成功例を書いたが，さらに電子商取引を発展させる意味からも，利用ユーザにとって魅力のある商品を提供していかなければならない．

（2） インターネット上のセキュリティ対策

非対面で電子的に行われる商取引では，ユーザ認証の重要性が第一にあげられ，さらには電子商取引を活発にするために，インターネット上を流れるコンテンツの不正コピーの防止による著作権保護も重要な点である．

（3） 社会制度の見直し

上記（2）は技術面での問題であるが，ここは，法律や制度面において，電子商取引を健全に発展させる意味からも，見直しが必要となってくるだろう．

（4） ネットワークインフラのコスト

日本に比べ米国の電話代は，はるかに安いといわれて久しい．具体的には，市内電話代についてみると，米国ではフリーであるのに対し，日本では3分10円である．この違いにより，自宅からプロバイダ経由でインターネットを利用するユーザ数は，日本は米国に比べはるかに少ないのが実状である．

（5） ビジネスプロトコルの標準化

世界的にビジネス情報の交換をスムーズに行わなければならならないため，ビジネスプロトコルの標準化が必要である．企業間取引や電子決済において，決済手順の標準化だけではなく，決済手順を選択する枠組みや，請求書，領収書などのやり取りも記述可能なプロトコルの出現が待たれるところである．

上記の項目については，地域はもちろんのこと国家間や世界的な場で，政府や公的機関を含めて議論が盛んになっている．各国間で検討されている課題について以下に記す．

- 電子認証，デジタル署名
  デジタル署名の正当性を認証する第三者機関のライセンス問題
- プライバシ
  蓄積された個人情報の保護の問題
- 暗号
  暗号の輸出入規制の問題
- コンテンツ
  有害コンテンツの問題
- 消費者保護
  詐欺的行為から消費者を保護する問題
- 知的財産権
  知的財産権と利用とバランスの問題
- 税，関税
  電子商取引における国内での税金のかけ方の問題，国間での関税のかけ方の問題
- 法的枠組み
  電子商取引での法的範囲の問題
- 競争と独占

通信インフラストラクチャの合従連合の問題
　　標準とインターオペラビリティ
　　企業間や国間のシームレスなインフラストラクチャの問題
・教育
　　コンピュータリテラシーの問題
・インフラストラクチャ整備
　　次世代ネットワークの問題，途上国に対する援助投資の問題

　以上のような課題はあるが，電子商取引は確実に拡大の一途をたどっているので，グローバル展開を図っている企業はもちろんのこと，個人においても十分な検討と対応を行って欲しいものである．次節からは，電子商取引の代表的な例について説明する．

7.2　電子認証・公証システム

　インターネット上で安心して，取引やショッピングが行えるセキュリティを確保することは，必要不可欠である．このような環境を実現する重要なシステム機能として，電子認証・公証システム(Electronic Certificate Authority and Notary System)がある．電子認証システムの仕組みについては，第4章でも触れたが，ここでは応用面に重点をおいて，以下ではこのシステムの詳細を説明する．

7.2.1　電子認証システム
(1)　電子認証システムとは

　電子認証システムは，「だれと」「だれが」電子商取引を行ったかということを証明するシステムである．電子認証システムでは，デジタル署名技術とともに後述の認証局と電子証明書を用いることにより，取引者間の相互認証を実現している．

(2)　認証局と電子証明書

　すでに，電子商取引システムにおいて取引相手を確認したり，受け取ったデータに不正な改ざんが加えられていないかどうかを確認するためのデジタル署名技術について説明した．デジタル署名では，署名者の公開鍵を使ってユーザ

認証およびメッセージ認証を行う．そのため，検証者は署名者の正しい公開鍵を知っていることが必要である．

例えば，不正者 C がユーザ A になりすまそうとする場合を考える．まず，不正者 C は公開鍵と秘密鍵の組を生成し，その公開鍵をユーザ A の公開鍵だと偽って開示する．次に，その公開鍵に対応した秘密鍵で任意の情報に署名し，それをユーザ B に送る．ユーザ B が，不正者 C が開示した偽の公開鍵をユーザ A の公開鍵だと考え，その公開鍵で署名の検証を行うと，不正者 C をユーザ A だと認証してしまうことになる．このように，デジタル署名（より正確には公開鍵暗号）を利用するシステムでは，各ユーザとそのユーザの公開鍵との対応関係がきちんと保証されていなければならない．

このような不正を防ぐために，認証局（CA：Certification Authority）と呼ぶ信頼できる第三者機関（TTP：Trusted Third Party）を利用する認証の枠組が，国際電気通信連合（ITU）の勧告 X.509 で規定されている．認証局とは，公開鍵とその所有者とを対応づけるために電子証明書（Certificate，認証書とも呼ぶ）と呼ぶ電子データを発行する機関である．認証局では，各ユーザから電子証明書の発行依頼を受けた場合に，それらユーザの本人確認を行った後，正しいユーザからの依頼であった場合にのみ電子証明書を発行する．認証局が発行した電子証明書には所有者の識別情報や公開鍵などが記載されており，それらの情報に認証局がデジタル署名を施すことによって第三者が改ざんできないようになっている．

このような，公開鍵暗号を利用した証明書の作成，管理，格納，配布，破棄のために必要なハードウェア，ソフトウェア，人，ポリシー，プロトコルによって提供される基盤を PKI(Public Key Infrastructure) と呼んでいる．PKI には，(a) X.509 によるもの，(b) PGP(Pretty Good Privacy) によるもの (c) SPKI(Simple PKI) などがあるが，(a) が主流となっており，SET などのアプリケーションで広く使われている．

PKI に基づくデジタル署名と電子証明書とを用いた認証の手順は以下のとおりである（署名者は事前に認証局より電子証明書を発行されているものとする）．

① 署名者は，自己の秘密鍵を使って送信データにデジタル署名を施す．
② 署名者は，署名付きデータと自己の電子証明書とを組にして検証者に送付する．

③ 検証者は，安全な手段（新聞や雑誌，ホームページなどで公開）で入手した認証局の公開鍵を使って，受け取った電子証明書の正当性，すなわち公開鍵の正当性を確認する（電子証明書に施された認証局のデジタル署名の検証）．
④ 検証者は，署名者から受け取った署名付きデータに施されたデジタル署名の検証を行う．

これにより，認証局の正しい公開鍵だけを事前に入手しておけば，当該認証局が発行した電子証明書を持つ全てのユーザを認証することができる．このようなやり方は，市役所が印鑑証明書を発行することによって個人の印鑑が本物であることを保証しているのと同じ考え方に基づくものである．

（3） 電子商取引システムと認証局

電子商取引システムはお金を扱うため，他サービスよりも高い安全性が求められており，そのための規格がいくつも提案されている．決済手段で分類した場合，クレジットカードを利用するもの（SET：Secure Electronic Transaction, SECE：Secure Electronic Commerce Environmentなど）や銀行振込を利用するもの（SECEなど），電子マネーを利用するもの（Mondexなど）などがある．

例えば，SETでは，取引相手が自称する本人であるかどうかを確認するためや，取引内容が改ざんされていないかどうかを確認するため，あるいは取引関係者が事後になって契約した事実を否認するのを防ぐためなどにデジタル署名ならびに電子証明書を使用する．SETにおいて電子証明書を発行する認証局は階層化されており，上位認証局が，下位認証局（あるいは，消費者，販売店，金融機関）を認証する仕組みとなっている．

（4） 商業登記に基づく法人認証

SETやSECEなどは，企業-消費者間電子商取引システムであり，クレジットカードや銀行口座に基づいて個人消費者に電子証明書を発行している．これに対し，企業間電子商取引システムを実現するために，商業登記情報に基づいて法人（より正確には法人代表者）に電子証明書を発行する法人認証局についても検討されている．商業登記情報は，法人を法人足らしめるものであり，全ての法人は，全て商業登記を行わなければならない．したがって，商業登記情報に基づく法人認証局が実現されることにより，架空の法人による詐欺事件などの減少が見込まれる（登記を怠ったり，虚偽の申請をした場合には法律的に罰

せられるため).

7.2.2 電子公証システム

　電子認証システムが,「だれと」「だれが」電子商取引を行ったのかということを証明するシステムであるのに対して,電子公証システムは「いつ」「どのような内容の」電子商取引を行ったのかということを証明するシステムである.
　日本では,法律上,公証業務は法曹資格を持った公証人のみが行うことになっている.現在,これまでの紙ベースで行ってきた公証業務の電子化が検討されている.
　確定日付の付与とは,嘱託人（業務を依頼する人）から送られてきた電子情報に対して,公証人が確定日付（タイムスタンプ）を付与するサービスであり,私署証書の認証とは,嘱託人が作成し,デジタル署名を施した私署証書（私文書）に対して,公証人が内容（虚偽や違法性など）を確認した後,デジタル署名を施す（副署する）サービスである.また,公正証書の作成とは,嘱託人からの依頼に基づいて公証人が公正証書（公文書,嘱託人と公証人の両方のデジタル署名が施される）を作成し,原本を保管するサービスである（謄本の発行サービスも検討されている).
　しかし,その一方で,民間の信頼できる第三者機関（TTP）が以下のようなサービスを提供する場合を公証（電子公証）と呼ぶケースも見受けられる.

① 時刻証明（タイムスタンプ）：当該データが当該日時に存在していたことを証明
② 内容証明：送信者から受信者に対して当該内容のデータが送られたことを証明
③ 電子保存：データ（原本）を保存し,要求に応じて謄本を発行
④ 配達証明：受信者が当該データを受け取ったことを証明

　ここでは,電子商取引システムを実現する際の基盤となる電子認証システム,電子公証システムの概要を説明した.電子認証公証システムをビジネスに利用するようになると,法律的な証拠性が問題となってくる.この問題に対する検討は国内外で開始されており,米国のいくつかの州や欧州各国ではすでに法律が制定されている.日本国内においても,今後,法制化が進めば電子認証公証システムもより一般的で身近なものになると考えられる.

7.3 電子決済

7.3.1 電子決済の概要

従来,ショッピングなどによって発生した支払いは,電話やFAXなどによってクレジット番号を連絡したり,銀行や郵便局に直接出向いて振込や振替を行うのが普通である.電子商取引においても,発生した支払については,上記のような従来の決済手段を使う場合もあるが,現在では,決済についてもインターネットを利用した電子決済の要求が高まっている.そのためには,インターネット上でいかに安全にかつ確実に電子決済を行うかが最大の問題である.

電子決済に関する情報やその処理は,特にセキュリティ面に注意を要する必要があり,現在はまだいくつかの実施例があるのみで,電子決済が隅々まで浸透していないのが実状である.

7.3.2 分類と動向

電子決済手段の分類にはさまざまな切り口があるので,現実世界において存在する多くの決済手段のアナロジとして捉え,まとめることにする.

(1) クレジットカード

先に購入契約をし,支払いのための資金調達を後から行うポストペイド型決済.

(2) 銀行振込/振替

即時に銀行口座間の資金移動により支払うジャストペイド型決済.

(3) デビットカード

支払いのための資金調達をした後に,購入契約を行うプリペイドまたはジャストペイド型決済.

(4) 小切手

自己宛小切手のようなプリペイド型決済,当座預金小切手のようなポストペイド型決済.

(5) 現金

汎用性のあるプリペイドまたはジャストペイド型決済.

(6) プリペイドカード

用途限定のプリペイド型決済.

現在,サービス提供者や開発元などの実現方法はさまざまなものがあり,さらに決済手段としての法的根拠が現在のところ定かではないので,今後の展開に期待する.

7.3.3 クレジット決済プロトコル [2]

インターネット上でクレジットカード決済を行うためのプロトコルとして,SET(Secure Electronic Transactions)が最も有名であるので,次に説明する.

SETは,世界の二大クレジット会社であるMasterCard, Visa,および通信,コンピュータ,ソフトウェア関連企業であるGTE, IBM, Microsoft, VeriSignなどの各社が共同で提案し,RSA Data Security社の暗号技術をベースとしたクレジットカード決済プロトコル仕様である.

加盟店は,クレジットカード番号などの決済情報をカード会員から受け取り,バケツリレー方法でその情報を金融機関に渡す.ここで,クレジット番号などは金融機関のみが見ることができるように暗号化されている.このように,カード会員(Cardholder),加盟店(Merchant),金融機関(Acquirer)の三者間に渡る情報のやり取りにおけるセキュリティコントロールは,OSI7階層モデルのアプリケーション層で行われる.

カード会員,加盟店,金融機関は,電子決済を実際に行う前に,それぞれ電子認証システムから電子証明書の発行を受ける.その後,三者間でインターネットで電子証明書を交換しながらクレジットカード決済を行うものである.

7.4 WWWの真正性保証システム

近年,インターネットのようなオープンなネットワークを介して複数のユーザに情報を開示・伝達する手段として,World Wide Web (WWW) サーバとブラウザとを用いるWWWシステムが普及している.WWWシステムは,操作性に優れたグラフィカル・ユーザ・インタフェース (GUI) を備えているとともに,関連性のあるさまざまな情報をハイパーリンクでつなげることで簡単に参照可能とすることができるなどユーザの利便性にも優れており,今日のこれほどまでに急速なインターネットの発展は,このWWWシステムによるところが大である.

WWWシステムで公開される情報（以降では，Webページと記す）にはさまざまな画像データが使用されている．その中には，画像データ自体が伝えたい情報である場合もあるが，具体的対象物をイメージさせるためのマークである場合もある．

Webページの作成者がマークを多用する一番の理由は，小さなマーク一つで大量の情報をWebページの閲覧者に伝えることができるということである．これは，閲覧者がマークを見たときに，自分の持っている知識に基づいてさまざまなイメージを膨らませるからである．マークを利用せずに同じ情報を伝える場合，大量の文書データが必要になる．そのため，WWWシステムでは，今後ともこのようなマークの利用状況が続いていくものと考えられる．

ところで，最近になって，WWWシステムを単なる情報伝達の手段としてだけでなく，ビジネスに利用しようという動きが顕著である．例えば，WWWシステムにより商品情報を公開する，いわゆる電子商取引システムなどはそのようなビジネス利用の代表例である．

電子商取引システムにおいて，自己の所有する商品をより多く売りたい販売者は，消費者の購買意欲を少しでも高めるために，画像データを使って自己のWebページで開示する商品情報などを見やすく，かつ分かりやすいものにすべく工夫している．その中には，決済方法に関する情報として，当該販売店で利用可能なクレジットカード会社のロゴマークなどを貼付けているWebページも数多く見受けられる．これにより，消費者が決済方法を一目で感覚的に判別することを可能としている．

しかし，電子商取引システムにおいて，上記のようにロゴマークなどによって消費者に決済方法を伝達することには，以下のような問題がある．すなわち，不正を行おうとする販売者（以降では，不正者と記す）が，あるクレジットカード会社の正規加盟店のWebページからロゴマークをコピーし，自己の販売店のWebページの適当な個所にそのロゴマークを貼付てから公開すると，ブラウザで当該Webページを見た消費者は，その販売店が正規の加盟店であるものと判断し，自己のクレジットカード番号など決済に必要なデータを不正者に送付してしまう恐れがある．

このように，従来のロゴマークは単なる画像データなので，だれでも簡単にコピーして別のWebページに貼付けることができてしまい，しかも，消費者にはそのロゴマークの真正性，すなわち，当該クレジットカード会社の正規加盟

店であるかどうかを確認する方法が与えられていない．また，上記課題は電子商取引システムだけのものではなく，例えば，企業のにせWebページの作成や，Webページ評価機関が発行するアワードマークの不正使用なども同種の課題といえる．

そこで，これらの課題を解決するために，Webページを閲覧するユーザが，そのWebページに貼り付けられたマークが真正なものであるか否かを確認可能とするインターネットマークがあるのは第6章で示したとおりである．

7.5 セキュリティ国際評価基準

7.5.1 国際評価標準の動向

1999年春にセキュリティ国際評価基準CC(Common Criteria)がISO 15408としてISO標準化された．本評価基準は，情報関連製品・システムに必要となるセキュリティ機能要件とその機能品質の保証要件および7段階の保証レベルを規定したものである．また，この評価基準に基づき開発・構築された製品・システムは，決められた政府または民間の評価・認定機関にて設定した保証レベルに対応した評価・検証を行い，認定を取得することで，セキュリティ施策に関して公的に保証されたものとなる．

このため，標準化以降，顧客の調達要件，他企業との接続条件，海外拡販の前提条件，法制度・保険制度上の条件として本評価基準が活用され，あらゆる情報関連製品・システムにおいて，CC準拠での開発や認定を取得することが，ビジネス上の必須条件になると予想される．

従来より，TCSEC (Trusted Computer System Evaluation Criteria)，ITSEC (Information Technology Security Evaluation Criteria)などの国別評価基準と評価・認証制度の基盤をすでに持っており，CCへの移行が容易である先進の欧米に比べ，このような基盤を持たない日本国内の対応が急がれる．

7.5.2 セキュリティ評価の目的と国際標準化の必要性

セキュリティ評価の目的は，企業財産の保護や社会的責任を果たすために，企業の機密情報の管理やプライバシー情報の管理の施策を，投資効果を踏まえどこまでやればよいかを評価するための基準と評価手法を提供することにある．企業は，このセキュリティ評価を実施することで，必要十分な機密性や信頼性

を持つ製品・システムを調達したり，利用することが可能となる．

欧米では，セキュリティ評価の標準としてITSECやTCSECに代表される国別で規定した標準を従来用いてきた（表7.1参照）．しかし，近年のインターネットを中心とするECの活性化などに対応して，国際的に安全なネットワークシステムを構築する際に，各国で標準がバラバラではセキュリティの確保を保証しにくいこと，企業同士を接続・取引する際の要件としてシステムの機密性や信頼性に関する相互承認，すなわち，特定の国で認定取得したものが自動的に他の国でも認定されたものとして扱われることの要求が急速に高まってきたことから，セキュリティ評価基準と相互承認のための評価手法に対する国際標準化および評価・認証制度の確立が必須となってきた．

そこで，1993年にアメリカ，イタリア，イギリス，フランス，オランダ，ドイツの6ヶ国が加盟し，国際的な統一標準作成を目的に，CCプロジェクトが開始された．CCプロジェクトでは，これまでISOと連携しながら1996年に統一セキュリティ評価基準としてCC Version 1.0，1998年にCC Version 2.0を作成してきたが，このVersion 2.0が1999年にInternational Standard 15408となり，ISO標準として規定されるに至った．

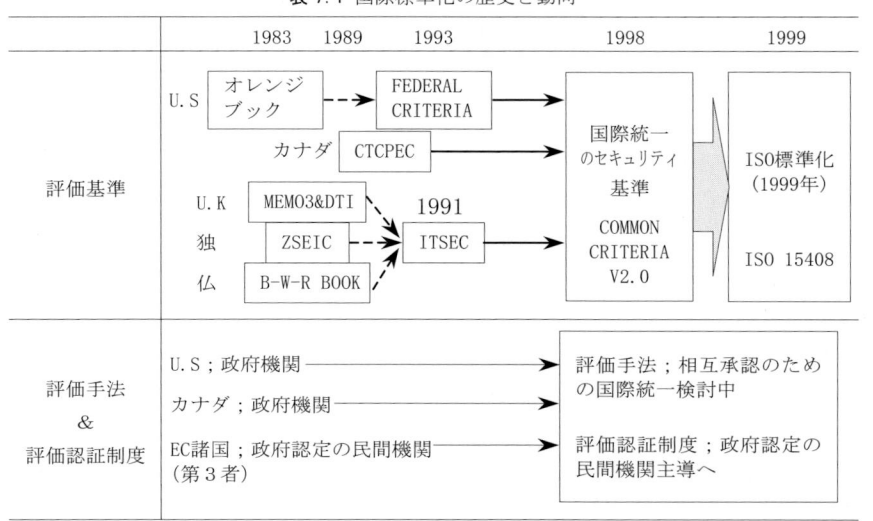

表7.1 国際標準化の歴史と動向

区分	1983	1989	1993	1998	1999
評価基準	U.S オレンジブック	→ FEDERAL CRITERIA	→	国際統一のセキュリティ基準 COMMON CRITERIA V2.0	ISO標準化（1999年） ISO 15408
		カナダ CTCPEC	→		
	U.K MEMO3&DTI		1991		
	独 ZSEIC	--→	ITSEC →		
	仏 B-W-R BOOK				
評価手法 & 評価認証制度	U.S；政府機関 ――――――――――→			評価手法；相互承認のための国際統一検討中	
	カナダ；政府機関 ――――――――――→				
	EC諸国；政府認定の民間機関（第3者）――→			評価認証制度；政府認定の民間機関主導へ	

7.5.3 セキュリティ国際標準に基づく評価・認証制度

セキュリティ評価基準CCに加え，CCに準拠して製品やシステムを開発，構築するためのプロセスを規定したGMITS(Guidelines for the Management of Information Technology Security)や，その製品やシステムを評価・認定する相互承認のための統一評価手法CEM(Common Evaluation Methodology)についても現在標準化作業が進められている．これらの標準化により，評価・認証制度が設立され，製品・システムの国際的なセキュリティ評価・認定が今後実施されることとなる．

これらの評価・認証制度では，以下の評価プロセスが基本的に実行され，運用される（図7.4参照）．

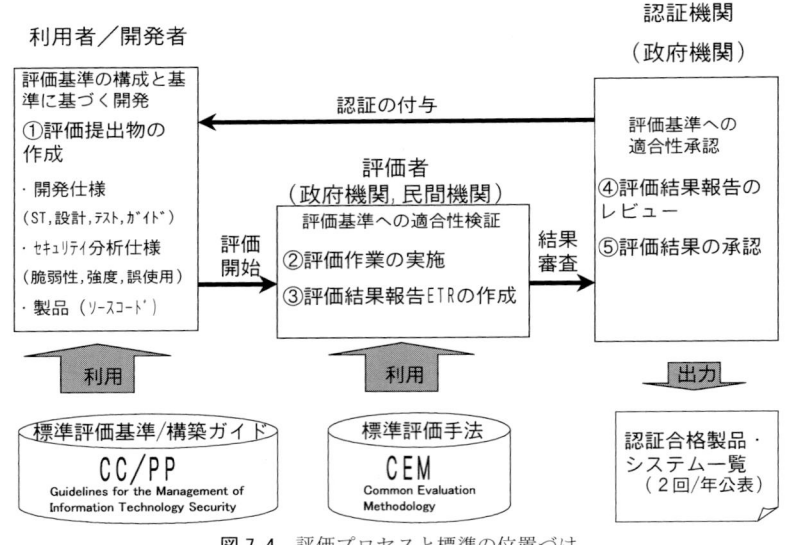

図7.4 評価プロセスと標準の位置づけ

（a） 利用者または開発者は，CCおよびGMITSを利用して製品やシステムの開発・構築を行い，その成果物である規定の仕様書やソースコードなどを評価機関に提出して評価・認定の申請を行う．

（b） 評価機関では，CEMを利用して評価作業を実施し，その作業結果として評価結果報告ETR(Evaluation Technical Report)を作成して認定機関に提出する．

（c）認定機関では，ETRを検証して合格ならば開発者や利用者に対して対象製品・システムに関する認証を付与するとともに，認定合格製品・システム一覧に追加して２回/年ホームページなどで公表する．

欧米では，従来標準での同様な評価・認証制度を移行・拡張して1998年から本評価・認証制度をすでに開始している．また，評価機関を政府機関から政府認定の民間機関に移し，民間機関主導となってきている点が最近の動向としてあげられる．日本国内にはいまだこのような評価・認証制度が設立されていないが，通産省が2001年の設立を目標に現在準備を進めている状況である．

7.5.4 セキュリティ評価基準 CC 概要
（1） CC(ISO 15408)の規定内容
セキュリティ評価基準CCは，以下の３つの部分から構成される．
・Part1 イントロダクションと全体モデル
・Part2 セキュリティ機能要件
・Part3 セキュリティ保証要件

（a） Part2 セキュリティ機能要件

Part2 セキュリティ機能要件は，評価対象非依存の機能要件のカタログ集であり，セキュリティ監査，セキュリティ通信，利用者データ保護，識別と認証，プライバシ，セキュリティ機能保護，資源利用，TOE(Target Of Evaluation)アクセス，高信頼経路，暗号管理，セキュリティ管理の11の機能クラスに分類されている．

さらに，各々のクラス内において，共通目的で使用する機能群をファミリィという単位で分類し，ファミリィの中に実際に使用される機能部品群をコンポーネントとして登録している階層的な構造の要件集となっている．

（b） Part3 セキュリティ保証要件

Part3 セキュリティ保証要件は，評価対象非依存の保証要件のカタログ集であり，PP(Protection Profile)評価，ST(Security Target)評価，構成管理，配布と操作，開発，ガイダンス文書，ライフサイクル，テスト，脆弱性分析，保守の10の保証クラスに分類され，機能クラスと同様に階層的な構造の要件集となっている．

また，保証要件には，さらにEAL(Evaluation Assurance Level)と呼ばれる保証レベル（認定レベル）が規定されており，機能仕様書の検証などの簡単な

テストで保証されるレベルから，仕様書記述として形式言語を使用し，上位レベル仕様書や製品テストなどの厳密なテストも実施して保証されるレベルまで7段階のレベルが定義されている．高いレベルほど評価提出物，保証要件，評価内容が多くなり高度に厳密に検証することを要求される．

したがって，TCSECなどの従来標準では高い認定レベル取得には強制アクセス制御機能などの高度なセキュリティ機能をサポートすることが要求されたのに対し，CCでは機能の有無ではなく，機能の品質の高さにより高いレベルが認定される点で大きく相違することに注意する必要がある．

(2) CCの利用方法

CCに準拠して製品・システムを開発，構築し，認定取得するためには，CCの機能要件・保証要件を利用した規定の形式のセキュリティ要求仕様書（調達仕様書）と基本仕様書を作成することが必要となる．要求仕様書は，プロテクションプロファイルPP，基本仕様書は，セキュリティターゲットSTと呼ばれる．

評価対象TOEの利用者または開発者は，TOEに関して必要となるセキュリティ機能コンポーネントをCC Part2のセキュリティ機能要件から選択・抽出（登録されてないコンポーネントは拡張機能要件として独自定義），さらに認定取得したい保証レベルを設定し，その保証レベルに必要な保証要件のコンポーネントをCC Part3のセキュリティ保証要件から選択・抽出することで，そのTOEのPPを作成する．STは，PPに記述された要件に対するそのTOE固有の具体的な実現方式を追加記述することで作成される．

STが実現方式を記述しているためTOEに依存した仕様書になるのに対し，PPは要件レベルの記述であり，TOE種別に共通の再利用可能な要求仕様書となる．そこで，PPを国際的に共有するためにPPの登録制度も検討されている．TOEに関係するすでに登録されたPPが存在する場合，利用者または開発者は，基本的に登録されたPPを再利用してPP・STを作成しなければならない．

現在ファイアウォールやネットワーク分散システムモデルのPP原案が作成されている．特にCS2(Commercial System 2)と呼ばれる後者のPPは，情報関連システムの基盤となるものであり，情報システムの企画・構築を担当するユーザ情報部門関係者や製品・システムの開発・構築を担当するベンダ開発者やSE，コンサルタントにとって重要なPPである．

CC利用の具体例を示す．例えば，ある電子認証システムのソフトウェアのPP・

STを作成する場合には，CS2を雛型のPPとして採用し，電子認証システム特有の拡張要件をCC Part2やPart3から選択，ないものは独自定義して追加することで認証局PPを作成する．このPPに実現方式を記述することでこの電子認証システムのSTが作成されることになる．

7.5.5 セキュリティ評価手法CEMの概要

CEMは，CCに基づき開発・構築された製品やシステムに対し，評価機関が実施する評価作業項目と評価方法を認定レベルEAL1～EAL7に対応して規定しているものである．基本的にPP・ST評価，TOE評価，評価レポート作成の作業が，以下のプロセスで実行され，運用される予定である．

（a）PP・ST評価では，まず提出されたPP・STの内容を検証・評価し，そのTOE評価を実行可能なものか否かが判定される．

（b）この段階で否と判定されたものはそのむね評価機関より評価申請元に回答され，以降の評価は実行されない．実行可能と判定されたものに対してのみ，以降のTOE評価が実施される．

（c）TOE評価では，評価用に提出された機能仕様書，上位レベル設計書などのドキュメント類やソースコードを元に，PP・STに記述されたセキュリティ要件が正しく実装されているかを，開発環境評価，実装評価，運用環境評価，脆弱性評価，侵入テストの実行，により検証する．

（d）次の評価レポート作成段階では，この結果をETR(Evaluation Technical Report)と呼ばれる評価レポートにまとめ，認定機関に提出する．

CEMではこれら一連の評価の作業項目をEWP(Evaluation Work Package)と呼ばれるワークパッケージとして定義している．

7.5.6 標準化の影響と対応の動向

標準化以降，顧客の調達要件，他企業との接続条件，海外拡販の前提条件，法制度・保険制度上の条件としてCCが活用され，あらゆる情報関連製品・システムにおいて，CC準拠での開発や認定を取得することが，ビジネス上の必須条件になっていくものと予想される．

欧米では，1998年10月にアメリカ，カナダ，イギリス，フランス，ドイツの5ヶ国間での相互承認に関する合意が締結され，ファイアウォール，DBMS(Data

Base Management System)などのCC認定終了製品の市場投入が開始されてきている．加えて，従来標準のTCSECやITSECで認定済みの製品は，CC認定レベルに自動的に認定されるので，CC認定製品の展開が進むものと考えられる．また，ドイツではECや医療分野のデジタル署名関連サービスを提供するシステムに対し，CCのEAL5の評価・認定を条件として制度化し，イギリスでは情報セキュリティ保険の保険料査定にCC認定レベルを利用するなどCC認定の活用の動きも立ち上がり始めている．

　このような海外の動向に対し，いまだCC認定製品もなく，評価・認定機関も準備中である日本国内の早急な対応が必要であるであろう．一般商用で必要な認定レベルは，EAL4といわれており，海外製品もこのレベルまでは取得しているため，日本製品もこのEAL4取得が基本的な目標となる．したがって，CC対応しないと海外市場でのビジネスチャンスを失うだけでなく，国内市場でもCC対応した海外製品が大量に流入して，ユーザがネットワーク接続を行う場合の必須選択条件となり，現在CC対応できていない国内メーカにとっては深刻な問題を招くこととなる．このような状況から考えると，今後は，国内の評価機関設立時を境に国内でもこのCC対応の本格的ニーズが急速に高まってくると予想される．

参 考 文 献

1) 市川明彦，佐々木良一編 著:『インターネットコマース　新動向と技術』，共立出版 (2000)．
2) 佐野和彦:『SETのすべてがわかる本』，オーエス出版 (1997)．

索　引

【A】
Access Controls　*14*
AES　*93*
asymmetric key cipher　*51*
Availability　*7*

【B】
B to B　*165*
B to C　*165*
B ピクチャ　*145*
Biometrics　*27*

【C】
CA　*164*
CC　*170*
CEM　*172*
Cipher　*48*
cipher text　*48*
Code　*48*
Common Criteria　*170*
Common Evaluation Methodology　*172*
common key cipher　*51*
Confidentiality　*7*
Cracker　*9*
Cryptography　*48*

【D】
DAC　*40*
Date Encryption Standard　*49*, *56*
DCT　*138*
DES　*49*, *56*
Diffie-Hellman　*88*

【digital〜】
digital envelope　*107*
Digital Signature　*12*, *96*
Digital Signature Algorithm　*100*
Discrete Cosign Transformation　*138*
DL型　*51*, *67*
DoS　*17*
DSA　*98*, *100*

【E】
EAL　*173*
EC　*157*
ECDSA　*98*, *102*
EC-ElGamal暗号　*77*
EC型　*51*, *67*
Electronic Certificate Authority and Notary System　*163*
Electronic Commerce　*157*
ElGamal 暗号　*70*
Entity Authentication　*14*
ETR　*172*
Evaluation Assurance Level　*173*
Evaluation Technical Report　*172*
Evaluation Work Package　*175*
EWP　*175*

【F】
False Positive　*131*
Feistel 構造　*55*
FTP　*3*

【G】
GIF　*128*

GMITS 172
Guidelines for the Management of
    Information Technology Security 172

【H・I】
Hacker 9
I ピクチャ 145
ICカード 15
IF型 51, 67
Integrity 7
invariant pattern 135
IPA 10
Ipsec 93
ISO 36

【J・K】
JPCERT/CC 10
JPEG 128
Kerberos 30

【L・M】
L2TP 93
LAN 1
MAC 41, 105
MPEG 145

【N】
National Institute of Standards and
    Technology 94
NIST 94
Non-repudiation 50

【O・P】
OSI 36, 92
P ピクチャ 145
Peak Signal-to-Noise-Ratio 142
PKI 164
plain text 48
PP 173
PPTP 93

Protection Profile 173
PSNR 142
Public Key Infrastructure 164
public key cipher 51

【R・S】
RSA 69
RSA 署名 98, 99
S/KEY 方式 32
S/MIME 92
SECE 165
Secure Electronic Commerce
    Environment 165
Secure Electronic Transaction 165
Security Category 42
Security Label 42
Security Level 42
Security Target 173
SET 165
Signcryption 103
SPN 構造 56
SSL 92
ST 173
symmetric key cipher 51

【T】
Target Of Evaluation 173
TCP/IP 1
TELNET 3
TLS 92
TOE 173
Triple DES 64
Trust 30
Trusted OS 47
TTP 164

【V・W】
VPN 36
WWW 3

【あ】

相手認証　49
アクセス管理　25
アクセス管理技術　13
アクセス権限　40
アクセス制御　14
アクセス制御リスト　41
アクセスマトリックス　40
アルゴリズム　19
暗号　48
暗号技術　13, 18
暗号文　48
暗号文攻撃　80
安全性　5, 7

【い】

位相　120
一方向性　104
一方向性関数　67
インターネット　3
イントラネット　4
インボリューション　61

【う】

ウェーバーの法則　117
ウェーブレット変換　139
動きベクトル　147

【え】

エクストラネット　4
エコー　148
遠隔ログイン　3
エンティティ認証技術　14
エンド・ツー・エンド　91

【お】

オブジェクト　39
オレンジブック　44
音楽・音声用電子透かし　148
音響処理　149

【か】

回転　124
開放型システム間相互接続　36
ガウス分布　133
鍵　19
鍵回復　88
鍵管理　88
鍵共有　88
鍵のライフサイクル　88
鍵配送　88
拡大・縮小　124
拡大体　73
画質の評価　141
画質劣化　129
画像処理耐性　124
仮想プライベートネットワーク　36
加法群　76
可用性　7
　――の喪失　8
換字　48, 56
間接的攻撃　10
間接的対策　13
完全性の喪失　8
管理的対策　13

【き】

幾何変換　124
企業間EC　158
企業-企業間 EC　157
技術的対策　13
既知平文攻撃　80
輝度　120
輝度値　121
輝度変更　125
機密性　7
　――の喪失　8
脅威　5
強制アクセス制御　41
共通鍵暗号　49, 51

180 索引

銀行振込／振替　167

【く】
クライアント認証　28
クライアント認証技術　14
クラッカー　9
クレジットカード　167

【け】
結託攻撃　137
ケルベロス　30
検知対策　20
原本性の喪失　12

【こ】
公開鍵暗号　49, 51, 66
虹彩　28
高信頼オペレーティングシステム　47
小切手　167
国際標準化機構　36
誤検出の防止　118
コード　48
コンピュータウイルス　5, 10, 21

【さ】
サイファー　48
雑音　148
サブジェクト　39
差分解読法　81
左右の反転　124

【し】
視覚特性　129
資格リスト　41
時間軸マスキング効果　149
色差　120
時刻証明　166
シーザ暗号　18
辞書攻撃　80
指紋　15, 27

周波数表現　120
周波数マスキング効果　149
証拠性の喪失　12
衝突回避性　104
情報処理振興事業協会　10
情報セキュリティ　5
情報の埋込み　116
情報の検出　116
振幅　120
信頼　30

【す】
推薦マーク　152
スケーリング　124
ストリーム暗号　51, 53
スペクトラム拡散　140

【せ】
脆弱性診断　20
セキュリティ　5
セキュリティカテゴリ　42
セキュリティ監査技術　13
セキュリティ監視　20
セキュリティ監視技術　13
セキュリティ教育　24
セキュリティ国際評価基準　170
セキュリティセントリック
　システム　157
セキュリティ対策　13
セキュリティ評価　19
セキュリティ評価技術　13
セキュリティ評価基準　44
セキュリティポリシー　24
セキュリティホール　9, 17
セキュリティラベル　42
セキュリティレベル　42
線形解読法　81
選択平文攻撃　81

【そ】
ソシアルエンジニアリング　16
ソーシャルネットワーク　4
素体　72

【た】
第三者機関　164
対称鍵暗号　51
耐性　117
タイミング・アタック　83
タイムスタンプ方式　32
タイム・メモリ・トレード・オフ法　80
楕円曲線　74
楕円曲線暗号　70
探索　134

【ち】
置換　48
チャレンジ・アンド・レスポンス法　28
聴覚特性　149
超楕円曲線　74
直接的攻撃　10
直接的対策　13
著作権　111

【つ～と】
通信規約　1
通信プロトコル　1
テキスト用電子透かし　149
デジタル署名　12, 96
データ完全性　50
デビットカード　167
電子印鑑　96
電子掲示板　3
電子決済　167
電子公証システム　166
電子商取引　157
電子証明書　163, 164
電子書店　158
電子透かし　12, 111

電子政府　160
電子捺印　96
電子認証・公証システム　158, 163
電子認証システム　163, 166
電子封筒　107
電子物流　159
電子保存　166
電子メール　3
電子予約　159
転置　56
電力差分攻撃法　83
統一評価手法　172
動画用電子透かし　145

【な～ね】
内容証明　166
なりすまし　15
任意アクセス制御　40
認証局　30, 88, 163, 164
ネットワーク　1

【は】
配達証明　166
排他的論理和　53
パスワード　15, 26
パソコン通信　3
ハッカー　9
バックアップ　23
ハッシュ関数　103
バーナム暗号　54

【ひ】
非幾何変換　124
ピクセル表現　120
非対称鍵暗号　51
ビット誤り　132
否認防止　50
秘密鍵暗号　49
評価結果報告　172
平文　48

【ふ】

ファイアウォール　15, 34
ファイル転送　3
フィルタリング　125
不可逆圧縮　125, 128
不正アクセス　5, 10
不正コピー　111
不正者の特定　150
不正侵入検知　20
部分切り出し　119
不変パターン　135
ブラインド署名　103
フーリエ変換　120
ブロック暗号　51, 53

【ま～も】

マスキング効果　116
マニューシャ　28
メッセージ認証　49
メッセージ認証子　105
網膜　28

【ゆ～よ】

有限体　71
ユーザ認証　25
ユーザ認証技術　14
予防対策　19

【ら～れ】

ラウンド関数　54
離散コサイン変換　120, 138
リスク　11
リプレイアタック　31
リモートユーザ認証　30
リモートユーザ認証技術　14
量子暗号　94
劣化防止　118

【わ】

ワクチンソフト　21
ワクチンプログラム　23
ワールドワイドウェブ　3

著者紹介

佐々木良一（ささき りょういち）
1971年東京大学卒業．同年日立製作所入社．システム開発研究所にてシステム高信頼化技術，セキュリティ技術，ネットワーク管理システム等の研究開発に従事．2001年より東京電機大学教授．現在，未来科学部所属．工学博士（東京大学）．1998年電気学会著作賞，2002年情報処理学会論文賞，2007年総務大臣表彰（情報セキュリティ促進部門），2008年情報処理学会功績賞．著書に，『インターネットセキュリティ入門』岩波新書（1999年），『ITリスクの考え方』岩波新書（2008年）等．日本セキュリティ・マネージメント学会会長，情報ネットワーク法学会理事長，日本学術会議連携会員，日本ネットワークセキュリティ協会会長．

吉浦 裕（よしうら ひろし）
1981年東京大学卒業．同年日立製作所入所．システム開発研究所にて，自然言語処理，知識処理，情報セキュリティ，著作権保護の研究開発に従事．2003年より電気通信大学勤務．現在，同大学電気通信学部人間コミュニケーション学科教授．2005年情報処理学会論文賞，同年システム制御情報学会産業技術賞を受賞．理学博士（東京大学）．著書に『インターネットコマース 新動向と技術』共立出版（共著）（2000年），『ネット家電とその技術』裳華房（分担執筆）（2002年），『情報セキュリティハンドブック』オーム社（分担執筆）（2005年），など．

手塚 悟（てづか さとる）
1984年慶應義塾大学卒業．同年日立製作所入所．マイクロエレクトロニクス機器開発研究所及びシステム開発研究所にて，ネットワーク管理システム，セキュリティシステムなどの研究開発に従事．現在，東京工科大学コンピュータサイエンス学部教授．工学博士（慶應義塾大学）．著書に『Inside CORBA』アスキー出版（共訳）（1998年），『インターネットコマース 新動向と技術』共立出版（共著）（2000年）．

三島久典（みしま ひさのり）
1985年東北大学卒業．同年日立製作所入所（ただし，ファコム・ハイタック㈱出向）．1987年〜1988年，JAIMS（日米経営科学研究所）留学．以降，1998年に至るまで，官公庁関係のシステム設計・開発を担当する．1991年，日立製作所 公共情報事業部に出向復帰，1998年，日立製作所 システム開発研究所に異動，現在主任研究員．暗号研究（公開鍵暗号）に従事．

インターネット時代の
情報セキュリティ
―暗号と電子透かし―

2000年10月10日 初版1刷発行
2010年3月1日 初版6刷発行

著 者　佐々木良一・吉浦　裕　© 2000
　　　　手塚　悟・三島久典

発 行　共立出版株式会社／南條光章
　　　　東京都文京区小日向4-6-19
　　　　電話 03-3947-2511（代表）
　　　　郵便番号 112-8700／振替口座 00110-2-57035
　　　　https://www.kyoritsu-pub.co.jp/

印 刷　横山印刷
製 本　中條製本工場

検印廃止
NDC 007

社団法人
自然科学書協会
会員

ISBN 4-320-02991-7　Printed in Japan

実力養成の決定版………学力向上への近道！

やさしく学べる基礎数学 ―線形代数・微分積分―
石村園子著……………A5・246頁・定価2100円(税込)

やさしく学べる線形代数
石村園子著……………A5・224頁・定価2100円(税込)

やさしく学べる微分積分
石村園子著……………A5・230頁・定価2100円(税込)

やさしく学べる微分方程式
石村園子著……………A5・228頁・定価2100円(税込)

やさしく学べる統計学
石村園子著……………A5・230頁・定価2100円(税込)

やさしく学べる離散数学
石村園子著……………A5・230頁・定価2100円(税込)

大学新入生のための 数学入門 増補版
石村園子著……………B5・230頁・定価2205円(税込)

大学新入生のための 微分積分入門
石村園子著……………B5・196頁・定価2100円(税込)

大学新入生のための 物理入門
廣岡秀明著……………B5・224頁・定価2100円(税込)

大学生のための例題で学ぶ 化学入門
大野公一・村田 滋他著……A5・224頁・定価2310円(税込)

詳解 線形代数演習
鈴木七緒・安岡善則他編……A5・276頁・定価2520円(税込)

詳解 微積分演習 I
福田安蔵・鈴木七緒他編……A5・386頁・定価2205円(税込)

詳解 微積分演習 II
福田安蔵・安岡善則他編……A5・222頁・定価1995円(税込)

詳解 微分方程式演習
福田安蔵・安岡善則他編……A5・260頁・定価2520円(税込)

詳解 物理学演習 上
後藤憲一・山本邦夫他編……A5・454頁・定価2520円(税込)

詳解 物理学演習 下
後藤憲一・西山敏之他編……A5・416頁・定価2520円(税込)

詳解 物理/応用 数学演習
後藤憲一・山本邦夫他編……A5・456頁・定価3570円(税込)

詳解 力学演習
後藤憲一・山本邦夫他編……A5・374頁・定価2625円(税込)

詳解 電磁気学演習
後藤憲一・山崎修一郎編……A5・460頁・定価2835円(税込)

詳解 理論/応用 量子力学演習
後藤憲一他編……………A5・412頁・定価4410円(税込)

詳解 電気回路演習 上
大下眞二郎著……………A5・394頁・定価3675円(税込)

詳解 電気回路演習 下
大下眞二郎著……………A5・348頁・定価3675円(税込)

明解演習 線形代数
小寺平治著……………A5・264頁・定価2100円(税込)

明解演習 微分積分
小寺平治著……………A5・264頁・定価2100円(税込)

明解演習 数理統計
小寺平治著……………A5・224頁・定価2520円(税込)

これからレポート・卒論を書く若者のために
酒井聡樹著……………A5・242頁・定価1890円(税込)

これから論文を書く若者のために 大改訂増補版
酒井聡樹著……………A5・326頁・定価2730円(税込)

これから学会発表する若者のために
―ポスターと口頭のプレゼン技術―
酒井聡樹著……………B5・182頁・定価2835円(税込)

〒112-8700 東京都文京区小日向4-6-19　**共立出版**　TEL 03-3947-9960／FAX 03-3947-2539
http://www.kyoritsu-pub.co.jp/　　郵便振替口座 00110-2-57035